O UNIVERSO ESCURO

LARISSA SANTOS

O UNIVERSO ESCURO

De Ptolomeu às ondas gravitacionais

2ª EDIÇÃO

revisada e ampliada

Labrador

Coordenação editorial Pamela J. Oliveira
Assistência editorial Leticia Oliveira, Vanessa Nagayoshi
Direção de arte e capa Amanda Chagas
Projeto gráfico Vinicius Torquato
Diagramação Emily Macedo Santos
Preparação de texto Monique Pedra
Revisão Sérgio Nascimento

Dados Internacionais de Catalogação na Publicação (CIP)
Jéssica de Oliveira Molinari - CRB-8/9852

Santos, Larissa
O universo escuro : de Ptolomeu às ondas gravitacionais / Larissa Santos. – 2. ed
São Paulo : Labrador, 2025.
176 p.

Bibliografia
ISBN 978-65-5625-850-8

1. Cosmologia 2. Astronomia 3. Universo I. Título

25-1195 CDD 523.1

Índice para catálogo sistemático:
1. Cosmologia

Labrador
Diretor-geral Daniel Pinsky
Rua Dr. José Elias, 520, sala 1
Alto da Lapa | 05083-030 | São Paulo | SP
editoralabrador.com.br | (11) 3641-7446
contato@editoralabrador.com.br

Agradeço ao Centro de Gravitação e Cosmologia da Universidade de Yangzhou pelo apoio na elaboração deste livro. A autora é financiada pelo National Key R&D Program of China (2020YFC2201600).

Sumário

Prólogo 9

Parte 1 – A primeira grande revolução

Capítulo 1 – O despertar: Niklas Koppernigk 17

Pequeno comentário 19

Capítulo 2 – A simetria:Johannes Kepler 25

Mistério do Universo 28

Capítulo 3 – O nobre Tycho Brahe 31

Nasce o notável astrônomo 34

Capítulo 4 – A improvável parceria 38

Astronomia nova 41

Harmonias do mundo 44

Capítulo 5 – Galileu Galilei 47

O mensageiro das estrelas 49

Atritos com a Igreja 51

Duas novas ciências 54

Capítulo 6 – Isaac Newton 56

Os anos de ouro 58

Trinity College 61

Princípios matemáticos da filosofia natural 63

A vida pública 66

Parte 2 – A segunda grande revolução

Capítulo 7 – O que é a luz? 69

Estrutura da matéria 73

Ondas eletromagnéticas 78

Capítulo 8 – A genialidade de Albert Einstein 84

O desemprego 87

Capítulo 9 – Nasce a mecânica quântica 90

Capítulo 10 – O ano miraculoso 94

O quanta de luz 96

Relatividade especial 99

Capítulo 11 – O acadêmico Einstein 110

Relatividade Geral 112

A constante cosmológica 127

A incansável busca pela teoria unificada 128

Parte 3 – A cosmologia moderna

Capítulo 12 – Universo em expansão 133

Possíveis destinos do Universo 134

Capítulo 13 – A matéria que nós não vemos 138

Capítulo 14 – Modelando o cosmos 141

A teoria do Big Bang 141

Teoria do estado estacionário 142

Capítulo 15 – A era de precisão na cosmologia 144

A radiação cósmica de fundo em micro-ondas 145

O retorno da constante cosmológica 149

Alguns problemas no modelo do Big Bang 150

Capítulo 16 – A teoria da inflação 153

Polarização da radiação cósmica de fundo 156

Capítulo 17 – As ondas gravitacionais 158

Capítulo 18 – A energia escura 161

Capítulo 19 – O modelo cosmológico padrão 163

Capítulo 20 – O futuro da cosmologia 165

Epílogo 169

Notas 171

Bibliografia 174

Prólogo

A nossa jornada começa com um astrônomo grego chamado Claudius Ptolemaeus, conhecido como Ptolomeu. É notório que a curiosidade do homem diante da Natureza e as tentativas de desvendar os mistérios do céu datam de muito antes, principalmente se levarmos em conta todos os mitos criados para explicar o desconhecido.

Então por que Ptolomeu será o nosso ponto de partida? Ele foi um dos astrônomos mais influentes da história e seus ensinamentos duraram por quase um milênio e meio.

Sabe-se que Ptolomeu viveu em Alexandria, no Egito, entre 85 e 165 d.C. A cidade, fundada por Alexandre, o Grande, foi uma referência no estudo das ciências. Alexandre, assim como a maioria dos macedônios, considerava a Macedônia um Estado grego e, portanto, espalhou a influência helênica por todo o território conquistado. Depois da tomada de Alexandria pelo Império Romano em 30 a.C., a cidade se tornou sua segunda maior cidade. Ptolomeu era então um cidadão romano, que morava no Egito e tinha fortes influências gregas.

Da Antiguidade até o advento do telescópio no século XVII, o único modo de entender o movimento dos astros era através de atenta observação a olho nu durante longos períodos. Percebeu-se que os movimentos descritos pelos corpos celestes no céu não são aleatórios; eles seguem determinados padrões, ou seja, apesar de complexos, esses movimentos poderiam ser previstos.

Portanto, Ptolomeu não começou a desenvolver do zero seu modelo para o movimento dos astros. Ele coletou resultados de séculos de observações e especulações a respeito do cosmos. Não posso deixar de salientar a contribuição de Platão, famoso filósofo grego que viveu entre os séculos V e IV a. C. Platão acreditava que os corpos celestes eram esféricos e o movimento descrito por eles era circular e uniforme. A maior contribuição, contudo, veio do principal discípulo de Platão, Aristóteles. O Universo de Aristóteles é infinito e eterno. Além disso, a Terra permanece imóvel no centro.

Ptolomeu então descreve completamente o movimento dos corpos celestes conhecidos na época em sua obra-prima, chamada de *Almagesto*, “O Grandioso”.

Sendo a Terra o centro do Universo (sistema geocêntrico), um dos maiores problemas enfrentados pelos astrônomos foi o aparente movimento retrógrado dos planetas. O planeta se move no céu normalmente de oeste para leste em relação ao pano de fundo das estrelas distantes. Contudo, durante certos períodos, o planeta parecia se mover de leste para oeste.

A solução veio exatamente de Ptolomeu, quando ele conseguiu descrever os movimentos celestes, inclusive o movimento retrógrado, usando um método já conhecido anteriormente, os chamados epiciclos (Figura P.1).

O modelo descreve dois movimentos simultâneos. O planeta gira em torno da Terra em uma órbita chamada deferente e descreve pequenos círculos em relação a ele, chamados de epiciclos. O centro do epiciclo gira com uma velocidade de rotação constante ao redor do equante e não em torno do centro geométrico do deferente ou da Terra. Ajustando o tamanho, a direção e a velocidade dos epiciclos, os astrônomos eram capazes de explicar diversas irregularidades observadas no movimento dos planetas, do Sol e da Lua.

Em todo esse aparato orbital, o único que ainda não existia era o equante, que parece ter sido inventado pelo próprio Ptolomeu.

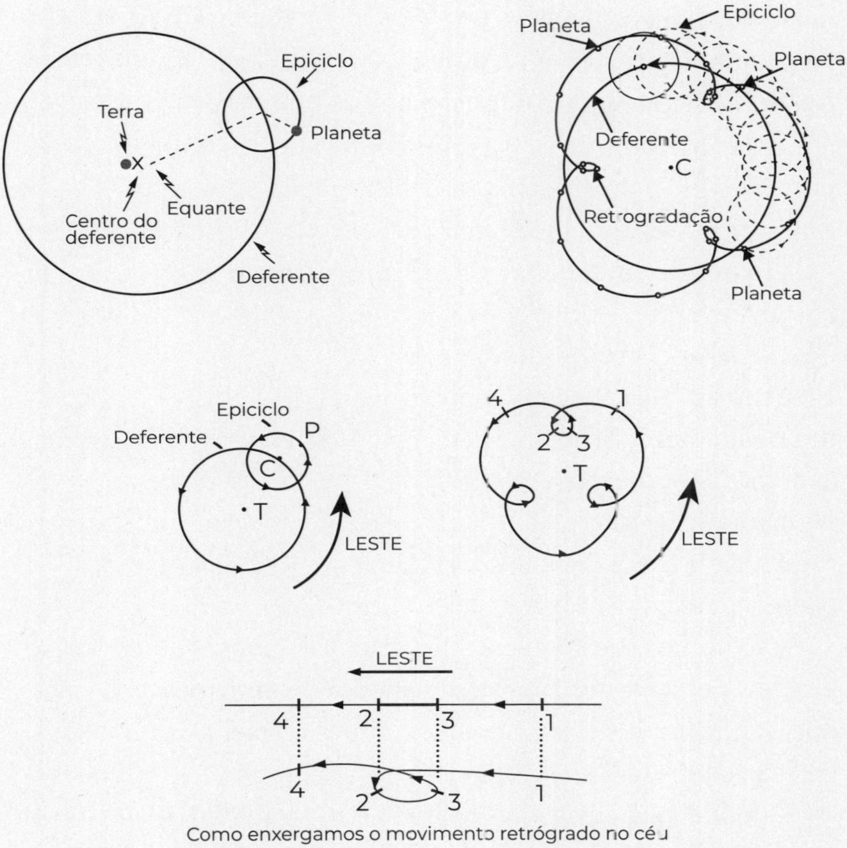

Figura P.1: Diagrama do modelo de Ptolomeu para o movimento dos corpos celestes.

A ideia anteriormente sugerida por Platão de que o movimento dos planetas deveria ser uniforme não foi totalmente descartada, pois, de acordo com Ptolomeu, se alguém conseguisse observar o movimento dos astros, não da Terra ou do centro do deferente, mas do equante, o movimento observado dos corpos celestes aparentaria ser uniforme. O sucesso desse modelo foi tamanho que perdurou por aproximadamente treze séculos.

As primeiras traduções em latim do trabalho de Aristóteles chegaram à Europa em meados do século XII e, algum tempo depois, chegaram também as ideias astronômicas de Ptolomeu.

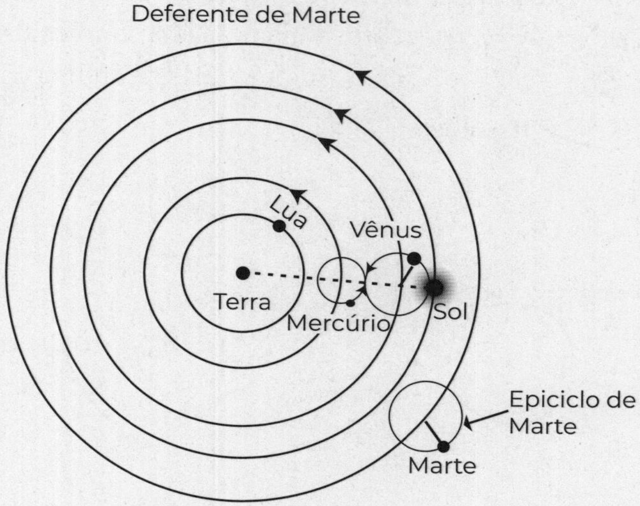

Figura P.2: Sistema geocêntrico de Ptolomeu.

Nessa época, a Europa passava por um longo período de privações culturais e intelectuais, a Idade Média. Em um mundo sem universidades, o acesso ao ensino era monopolizado pela Igreja, que detinha o controle sobre a cultura e a escrita. Os estudiosos, resumidamente o clero, ao conhecerem os trabalhos de Aristóteles e Ptolomeu, fizeram um enorme esforço para adaptá-los às escrituras sagradas. A Bíblia começou a ser interpretada de maneira menos literal. A base do ensino cristão, que dominou a Idade Média, tomou forma, com um grupo de pensamentos sobre filosofia, ciência e religião, sendo a astronomia a estrutura geométrica desse pensamento abstrato.

A filosofia aristotélica dizia que tudo abaixo da órbita da Lua estava sujeito a decadência, degradação e mudanças, enquanto os corpos celestes depois da Lua eram imutáveis e significavam a eterna perfeição. Essa visão se adequava à visão cristã de que a vida na Terra era decadente e efêmera, contrapondo-se a uma vida eterna e perfeita no paraíso.

Essa visão do mundo foi aceita como realidade na Europa do século XIII ao XVI. Entretanto, a Idade Média, conhecida como Idade das Trevas, durou aproximadamente dez séculos a partir da queda do Império Romano.

PARTE 1

A PRIMEIRA GRANDE REVOLUÇÃO

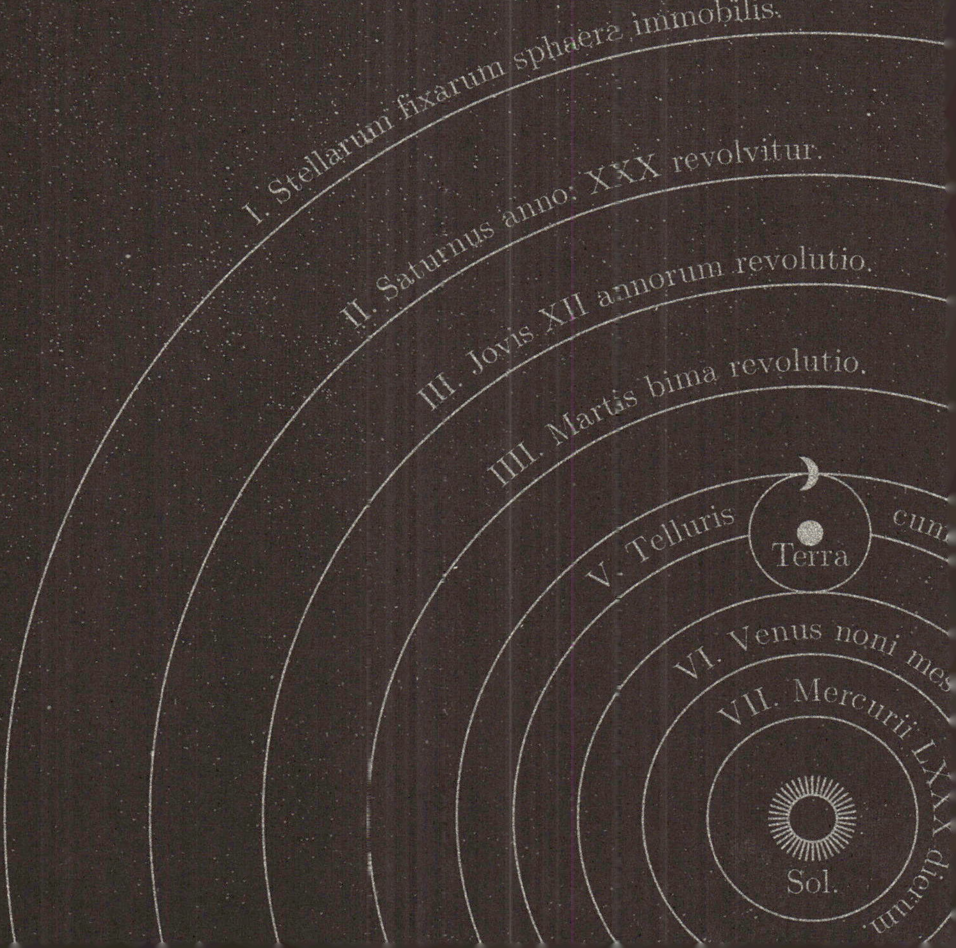

CAPÍTULO 1

O despertar: Niklas Koppernigk

"E conquanto saiba estarem distantes do juízo do vulgo os pensamentos de um homem de filosofia – pois que o empenho deste é inquirir a verdade em todas as coisas na medida em que isso é permitido por Deus à razão humana, entretanto, que opiniões totalmente alheias à retidão devam ser evitadas."[1]

Nicolau Copérnico

Na parte ocidental da Prússia, recém-incorporada ao reino da Polônia, nascia Niklas Koppernigk na cidade de Torun, em 19 de fevereiro de 1473. Filho mais novo de uma família de quatro irmãos, viu-se aos cuidados do tio Lukasz Watzenrode após a morte de seu pai, um rico comerciante de Cracóvia. Aos dez anos, Niklas, com o apoio do tio, então cônego da diocese local, estudaria em Torun. Mais tarde ingressaria na Universidade Jaguelônica em Cracóvia. Lukasz Watzenrode tornar-se-ia bispo de Vármia. Niklas passou a adotar seu nome latino Nicolaus Copernicus e, durante sua passagem pela Universidade Jaguelônica, já demonstrava interesse pela astronomia. Em setembro de 1496, Copérnico viajou para a Itália, instruído pelo tio, a fim de estudar lei eclesiástica. Durante sua estadia em Bolonha, tornou-se assistente do astrônomo Domenico Maria de Novara e fez a sua primeira observação em março de 1497: a ocultação da estrela Aldebarã pela Lua.

O despertar da civilização ocidental começou no século XIV, um período de Renascimento. A Renascença tinha seu centro na Itália, onde o florescer das artes e da sabedoria começava a mudar os rumos da história, os ensinamentos clássicos, obscurecidos pelo pesado véu imposto pelo cristianismo opressor da Idade Média foram redescobertos. Os primeiros passos de Copérnico em direção à revolução no estudo da astronomia aconteceram contemporaneamente ao clímax nas artes, protagonizado por nomes como Michelangelo e Leonardo da Vinci. Ao mesmo tempo, portugueses e espanhóis redesenhavam o mapa mundial, navegando por águas desconhecidas, na Época dos Descobrimentos. Diante desse turbilhão de mudanças, algumas ideias, contudo, permaneceram arraigadas na civilização europeia. O povo era ainda essencialmente religioso e a Bíblia, primeiro livro impresso na Europa, já teria traduções em italiano, francês e alemão no ano de 1500. Cada vez mais pessoas a liam e as ideias cristãs permeavam a vida desse povo que se denominava o único verdadeiramente cristão.

Com Copérnico não seria diferente e seu futuro dentro da Igreja já estava traçado. Graças à influência do bispo Watzenrode, Corpénico tornou-se cônego após um ano estudando lei eclesiástica na Universidade de Bolonha. Todavia, o fascínio pelo movimento dos astros estava ainda presente na vida de Copérnico e, em 1500, ele apresentaria um seminário em Roma sobre um eclipse parcial da Lua.

Sem concluir os estudos em lei eclesiástica, Copérnico iniciou o curso de medicina em Pádua, em 1501, mas o abandonou dois anos depois. Em 1503, ele viaja para Ferrara com o intuito de fazer os exames finais e graduar-se em lei eclesiástica. De Ferrara, ele volta à Polônia e se torna cônego em Frauenburgo. Porém, somente após a morte do seu tio, em 1512, ele se instala definitivamente em Frauenburgo e lá permanece até o fim de sua vida. A posição de cônego permitiu que Copérnico continuasse a desenvolver seus trabalhos astronômicos.

Pequeno comentário

"Todos os orbes giram em torno do Sol, como se ele estivesse no meio de todos; portanto, o centro do mundo está perto do Sol."[2]

Nicolau Copérnico

Em 1510, Copérnico resume suas ideias em *Commentariolus*. Ele questiona o Universo proposto por Ptolomeu, que gerava muitas dúvidas, apesar de corresponder aos dados numéricos. Ele propõe então um modo mais simples e conveniente para descrever o movimento dos planetas através de alguns axiomas, entre eles, o de que os planetas giram em torno do Sol e que a Terra rotaciona em torno do seu eixo. Fica clara a intenção de Copérnico de aprofundar o estudo dessa nova teoria do movimento dos astros ao anunciar que as demonstrações matemáticas seriam destinadas a outro volume.

Acredita-se que um dos poucos amigos de Nicolau Copérnico, o então cônego Tiedmann Giese, foi o primeiro a saber sobre a nova teoria astronômica. Eles partilhavam desse interesse em comum, e Giese, que mais tarde tornou-se bispo de Kulm, convenceu Copérnico a divulgar sua nova forma de pensar. O manuscrito entrou em circulação e Copérnico começou a elaborar os detalhes matemáticos e as observações necessárias que comprovassem as ideias contidas em *Commentariolus*.

O sistema de Copérnico explicava não só o movimento dos planetas e os movimentos da Terra, mas também a velocidade considerada constante de revolução de cada planeta em torno do Sol. Quanto mais afastado dele, maior o período orbital do planeta, sendo Saturno o planeta localizado mais longe do Sol, seguido de

Júpiter, Marte, Terra, Vênus e Mercúrio. Dessa forma, o movimento retrógrado dos planetas seria explicado sem a necessidade de epiciclos. Ele concluiu também que a Lua gira ao redor do centro da Terra, mas nesse caso ele não conseguiu evitar o uso de epiciclos para adequar o movimento da Lua aos dados disponíveis.

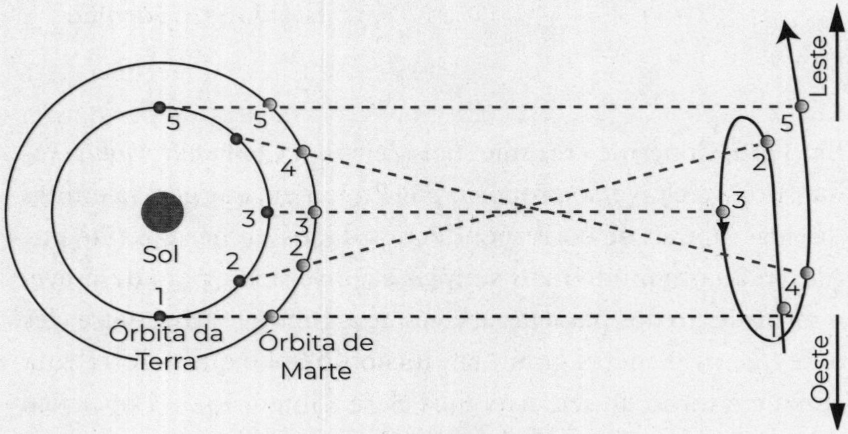

Figura 1.1: Movimento retrógrado dos planetas no modelo heliocêntrico.

É importante salientar que as órbitas dos planetas descritas pelo modelo de Copérnico ainda são circulares, tendo o Sol fixo e imóvel, mas não no centro das órbitas. Na verdade, os planetas descreviam círculos ao redor de um ponto imaginário distante do Sol, aproximadamente três diâmetros solares. A rigor, o sistema de Copérnico deve ser chamado de heliostático. Um dos motivos para deslocar o centro das órbitas do Sol é a variação observada na velocidade de cada planeta durante sua própria órbita. Essa variação de velocidade era considerada aparente e não real, e da mesma forma que acontecia no modelo de Ptolomeu com o uso do equante, se pudéssemos observar as órbitas dos planetas desse ponto imaginário não veríamos essas variações de velocidade; portanto, o movimento dos planetas continua sendo uniforme também no modelo de Copérnico. As órbitas, nas quais a Terra (no caso de Ptolomeu) ou o Sol (no caso de Copérnico) estão descentralizadas, são chamadas de excêntricas.

O livro com as demonstrações matemáticas ficou totalmente pronto em meados de 1535, mas Copérnico desistiu de publicá-lo. Algumas pessoas tentaram, sem êxito, convencê-lo do contrário, dentre elas o Cardeal de Cápua Nicholas Schnöberg. Ele receava a reação das pessoas diante das suas conclusões. Começou a duvidar dos próprios resultados e temia ser ridicularizado por outros astrônomos. É fácil entender as razões de Copérnico. Por quase um milênio e meio, acreditava-se em um sistema no qual a Terra, estática, era o centro do Universo. Ao seu redor, giravam os demais planetas conhecidos e o Sol. Esse modelo aprazia o senso comum e era a visão tradicional da astronomia na época, afinal de contas vemos claramente o nascer e pôr do Sol. Ora, tampouco sentimos o movimento da Terra. No prefácio do seu livro, Nicolau expõe seu receio e admite até o absurdo de suas conclusões.

> "Assim, como pensasse comigo mesmo que aqueles que reconheceram [como] confirmada pelo juízo de muitos séculos a opinião de que a Terra está imóvel no meio do céu, posta como o centro dele, haveriam de avaliar como uma trova absurda se eu, ao contrário, asserisse que a Terra se move, hesitei por muito tempo comigo mesmo se daria a lume meus comentários, compostos para a demonstração desse movimento..."[3]
>
> **Nicolau Copérnico**

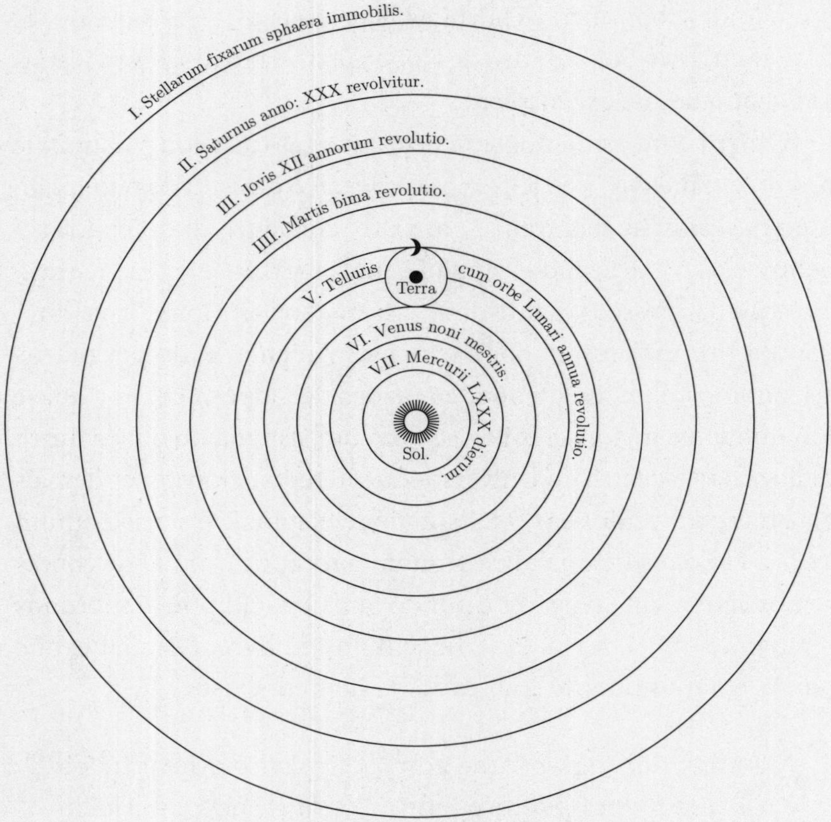

Figura 1.2: O sol como centro do Universo.
Fonte: Adaptado de Nicolaus Copernicu. *De revolutionibus orbium coelestium.* Wilhelm Janson, 1617.

Na esfera religiosa, a Europa sofria uma inesperada revolução. A reação contra as indulgências (fiéis que teriam seu tempo no purgatório diminuído mediante pagamento) e outras práticas disseminadas no seio da Igreja (por exemplo, acusações de que o clero usava seu poder em benefício pessoal, levando uma vida mundana regada a bebida e mulheres) tomou força com os protestos do monge alemão Martinho Lutero. Ao debater sobre essas e outras questões abertamente, Lutero começou a Reforma Protestante. Rapidamente seus argumentos se espalharam pela Europa, chegando à Polônia. Temendo o avanço das ideias protestantes e o enfraquecimento da Igreja, o então bispo de Vámia expulsou todos os luteranos da cidade em 1539.

Alheio aos recentes acontecimentos, o jovem matemático luterano Georg Joachim Rheticus chega em Frauenburgo nesse mesmo ano a procura de Copérnico e se torna seu único aluno. Fascinado pela teoria heliocêntrica, ele se une a Giese com o intuito de convencer o relutante Copérnico a publicar o livro que veio a se chamar *De revolutionibus orbium coelestium,* "Das revoluções dos orbes celestes". Finalmente, em 1542, o livro é entregue a um famoso editor em Nuremberg. Quando um dos livros mais importantes do período do Renascimento é finalmente impresso, seu autor, Nicolau Copérnico, dá seu último suspiro. Ele nunca ouviu as críticas sobre sua obra, tampouco jamais sonhou com o impacto que causaria no mundo.

Em novembro de 1542, Nicolau Copérnico sofre um acidente vascular cerebral aos 69 anos. Com o lado direito do corpo paralisado e imerso no mais profundo silêncio, Copérnico espera a impressão das últimas páginas do seu manuscrito chegar de Nuremberg, para enfim não acordar mais em maio de 1543.

Um prefácio escrito anonimamente, mais tarde atribuído ao teólogo luterano Andreas Osiander, foi adicionado ao livro *De revolutionibus orbium coelestium* sem o consentimento de Copérnico. Nele dizia-se que a teoria apresentada no livro não deveria ser interpretada de modo literal, mas apenas como uma teoria matemática. Por muito tempo atribuiu-se a autoria desse prefácio ao próprio Copérnico. Somente em 1609, essa farsa foi desfeita por Joahannes Kepler no prefácio de seu livro, *Astronomia nova.*

Anos após sua morte, com a confirmação de que os planetas orbitam em torno do Sol, a Inquisição condena o livro *Das revoluções dos orbes celestes* e proíbe sua leitura por quase duzentos anos.

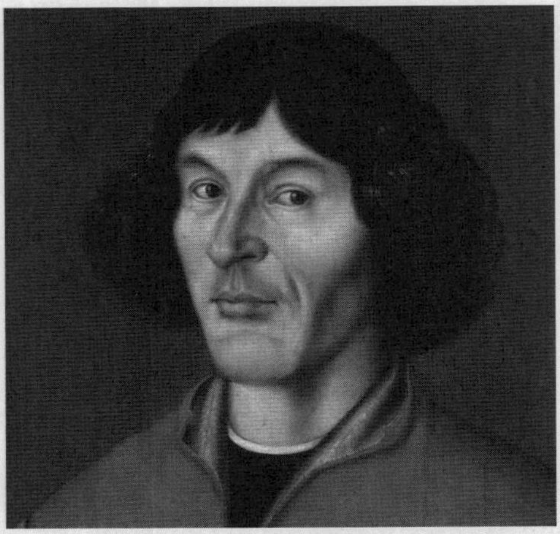

Figura 1.3: Retrato de Nicolau Copérnico.
Fonte: Retrato em Torun. Muzeum Mikołaja Kopernika we Fromborku. Início do século XVI.

CAPÍTULO 2

A simetria: Johannes Kepler

> "[...] eu percebi quão desajeitada, em muitos aspectos, é a nossa visão das estruturas do Universo [...] eu tenho aos poucos – parte pelas aulas do Maestlin, parte por minha conta – coletado as vantagens matemáticas que Copérnico tem sobre Ptolomeu."[4]
>
> **Joahannes Kepler**

Os movimentos religiosos contra a Igreja Católica cresciam na Europa. O protestantismo, como ficou conhecido, se fragmentou, surgindo outros grupos que não compartilhavam das ideias de Lutero. Entre eles, o mais importante, surgiu na Suíça em 1530, quando o francês João Calvino começou a difundir seus conceitos. O resultado foi uma Europa dividida: luteranos, calvinistas, católicos e outras subdivisões protestantes menores deram origem a guerras e revoltas. O catolicismo romano enfraquecido foi forçado a mudar. A Igreja se tornou mais intransigente e rígida, dando origem à Contrarreforma. Em 1540 foi sancionada a companhia de Jesus. Os jesuítas tinham o dever de combater a heresia juntamente com o tribunal da Inquisição.

Nesse cenário de conflitos religiosos, nascia na vila alemã de Weil der Stadt Johannes Kepler, em 27 de dezembro de 1571. Em anotações feitas por Kepler aos 25 anos, nota-se certo ressentimento durante o tempo em que ele viveu com os demais membros da família em Wiel. Entre outras características, ele descreve seu avô como arrogante e orgulhoso, ao mesmo tempo que a avó tinha inclinação para mentira. Os pais não tiveram um julgamento melhor. O pai de Kepler era visto como agressivo, e a mãe, como uma mulher tagarela e geralmente antipática.

Apesar da infância aparentemente difícil, dois eventos ficaram aprisionados na memória do pequeno Johannes: o dia em que sua mãe o levou para observar a passagem de um cometa no ano de 1577 e a noite que ele viu um eclipse lunar em companhia do pai em 1580. Anos depois, ele se lembraria desses eventos em detalhes.

Logo após a Reforma religiosa, muitos cidadãos de Weil se converteram. Contudo, o avô de Johannes Kepler, Sebaldus, permaneceu um fervoroso defensor de Lutero, embora a maioria da população ainda fosse católica. De compleição fraca, Johannes não se adaptaria ao trabalho na lavoura, além disso suas habilidades intelectuais foram logo notadas pelos seus primeiros professores. Para sua satisfação, seus pais decidiram então que o destino de Kepler seria dentro da Igreja protestante. Ele possuía um enorme fervor religioso, por vezes exagerado.

Aos treze anos, após passar nos exames obrigatórios, Kepler entra para o seminário em outubro de 1584. Sempre muito introspectivo, toma nota de alguns acontecimentos durante o período passado no seminário, dentre eles as brigas constantes com os outros seminaristas.

Em setembro de 1588, passou nos exames para a Universidade Luterana de Tübingen, mas sua entrada como calouro aconteceu somente um ano depois. É nessa época que Kepler conhece Michael Maestlin, professor de matemática e astronomia. Maestlin rapidamente percebe a grande aptidão em matemática de seu estudante. Seria também Maestlin a apresentar a teoria de Copérnico sobre o movimento dos astros para um entusiasmado Johannes. As ideias de Copérnico eram então divulgadas a um seleto grupo de pessoas. Palestras abertas sobre o assunto eram proibidas por supostamente contrariar as escrituras sagradas. Mas Kepler começou seus estudos na Universidade Luterana de Tübingen com o intuito de tornar-se membro da Igreja Luterana. Matemática, filosofia ou astronomia não estavam nos planos traçados para ele.

Em 1594, Kepler havia concluído seus estudos em teologia. Nesse mesmo ano, ele foi convidado para lecionar matemática e astronomia na escola seminarista protestante em Graz, capital da província austríaca da Estíria, devido ao falecimento do professor titular. O convite não foi aceito prontamente, já que ele esperava seguir uma carreira a serviço da Igreja. Para a sorte da história da astronomia, Kepler acaba aceitando a vaga de professor depois de ser pressionado por seus professores de Tübingen. Ele chega em Graz no dia 11 de abril de 1594.

Figura 2.1: Retrato de Johannes Kepler.
Fonte: Retrato de 1610, feito por pintor desconhecido.

Mistério do Universo

No início de 1595, o antigo entusiasmo pela teoria de Copérnico ressurgiu, e Kepler se ocupava com as questões da natureza. Por que existiam somente seis planetas? Como explicar seus movimentos e posições no céu? Por que eles se movem mais devagar quanto mais afastados estiverem do Sol? Estimulado por essas e outras perguntas, Kepler buscava incansavelmente por explicações e esperava encontrá-las usando geometria. Trabalhou arduamente por todo verão naquele ano, mas foi enquanto lecionava para sua turma que teve, como escreveu posteriormente, "uma inspiração divina".

> "Eu acredito que foi por inspiração divina que eu alcancei por sorte o que eu não consegui alcançar anteriormente por esforço. Eu acredito nisso, pois eu sempre pedi para Deus permitir que eu obtivesse sucesso, caso Copérnico estivesse certo."[5]
>
> **Joahannes Kepler**

A ideia de Kepler era usar os cinco sólidos regulares de Platão: tetraedro, octaedro, cubo, icosaedro e dodecaedro. Esses são os únicos sólidos construídos em três dimensões que apresentam faces idênticas.

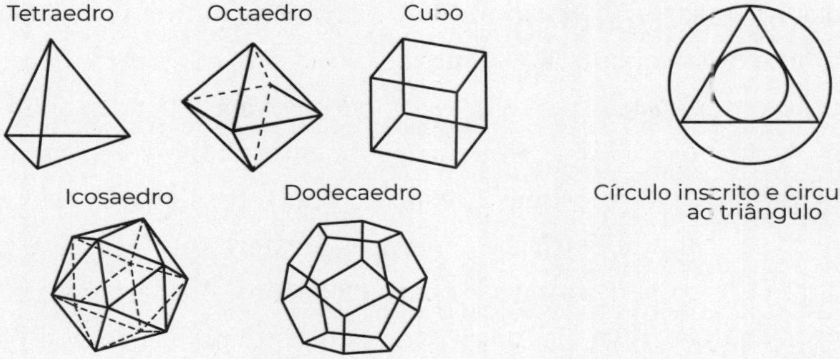

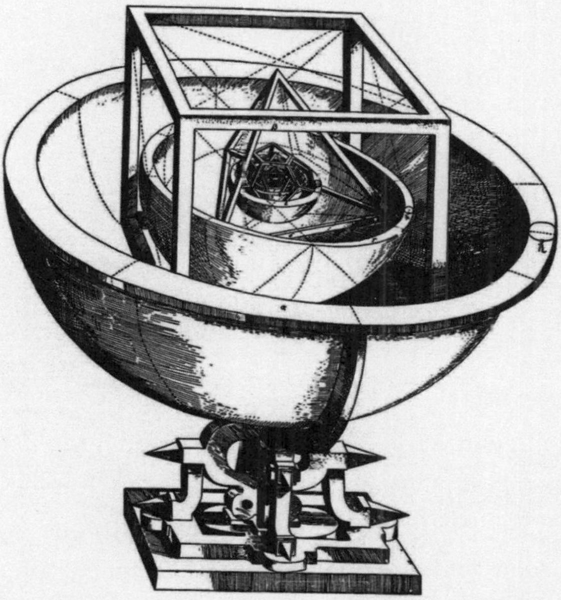

Figura 2.2: Diagrama de Kepler para a órbita dos planetas.
Fonte: adaptado de Mysterium Cosmographicum, 1591.

O modelo funcionava da seguinte forma: a órbita da Terra era a medida para todas as outras órbitas. Ela era descrita por uma esfera inscrita no dodecaedro. A esfera circunscrita ao dodecaedro descreve a órbita de Marte. Circunscrevendo a esfera que descreve a órbita de Marte, aparece o tetraedro. A esfera que circunscreve o tetraedro corresponde a da órbita de Júpiter. Por fim, o cubo circunscreve a esfera correspondente à órbita de Júpiter (pense na maior bola possível que cabe dentro de uma caixa de sapato), que é inscrito em uma esfera maior (agora se coloca a caixa de sapato dentro de uma outra bola, pequena o suficiente para que as arestas da caixa toquem a superfície interna da bola). Essa última esfera descreve a órbita de Saturno. Voltemos à esfera que descreve a órbita da Terra, inscrita a ela aparece o icosaedro. A esfera inscrita no icosaedro descreve a órbita correspondente a Vênus. Dentro dessa esfera, aparecerá inscrito o octaedro; e inscrito ao octaedro, a menor esfera desse arranjo descreverá a órbita de Mercúrio.

Esse modelo, aparentemente complicado, concordava parcialmente com as distâncias entre os planetas e o Sol, descritas por Copérnico. Kepler sabia que tinha ainda muito trabalho a ser feito, mas regozijava-se com sua recente descoberta.

> "Seria impossível descrever com palavras a felicidade que sinto pela minha descoberta [...]"[6]
>
> **Johannes Kepler**

Na primavera de 1597, *Mysterium Cosmographicum* já estava impresso e pronto para entrar em circulação. Kepler ordenou duzentas cópias, das quais cinquenta foram entregues ao seu antigo professor Maestlin, que o vinha ajudando na elaboração do livro através de discussões sobre os resultados e supervisionando de perto a impressão de todo o trabalho. Essas cinquenta cópias foram destinadas à distribuição em Tübingen.

O livro não passou despercebido. Entre os leitores, um em especial mudaria a trajetória de Kepler. Tycho Brahe, o príncipe astrônomo, e Kepler formariam uma parceria que tinha tudo para dar errado.

CAPÍTULO 3

O nobre Tycho Brahe

Era 14 de dezembro de 1546 quando, no castelo da nobre família Brahe, na Dinamarca, nascia Tygo Brahe. A mulher do cavaleiro dinamarquês e então governador do Castelo Helsingborg, Otte Brahe, deu à luz gêmeos, mas um dos meninos nasceu sem vida. Tygo, que mais tarde adotaria o nome latino de Tycho Brahe, viria a se tornar um dos mais respeitados astrônomos de seu tempo.

Aos dois anos de idade, Tycho foi raptado pelo tio, Jørgen Brahe e sua mulher Inger Oxe. Ao que tudo indica, não houve desavenças na família devido a esse episódio. Os pais nunca tentaram reaver o menino. Tycho Brahe ficaria a par desse incidente anos depois.

Jørgen, tio e pai de criação de Tycho, assumiu o comando do Castelo Vordingborg em 1552, quando o sobrinho tinha apenas seis anos. Vordingborg estava localizado na principal rota entre Copenhagen e o continente e servia de parada para nobres, príncipes e princesas. O próprio rei Christian III se hospedava ali de tempos em tempos. Foi nesse ambiente que cresceu Tycho Brahe.

Aos sete anos, Tycho começou a frequentar a escola elementar para o estudo principalmente de latim e religião. Aos doze ele foi transferido para a Universidade de Copenhagen. Os estudantes ficavam hospedados com professores que supervisionavam as leituras recomendadas assim como a assiduidade dos alunos nas aulas. A qualidade dos estudos de cada aluno dependia fortemente do professor responsável por sua hospedagem. Tycho já demonstrava curiosidade pela matemática, mas um eclipse da Lua em 21 de agosto de 1560 consolidou sua paixão pela astronomia.

Ao completar quinze anos, em dezembro de 1561, Tycho começou uma nova fase na sua educação e foi enviado para a Universidade de Leipzig, na Saxônia (a Alemanha ainda não era um estado unificado). Devido à pouca idade, Tycho viajou com um tutor, Anders Sørensen Vedel. Os estudos em Leipzig focavam-se em língua e cultura clássicas. Tycho estudava também astronomia em segredo.

Em agosto de 1563, ele começou a manter um caderno de anotações sobre suas observações astronômicas. As primeiras anotações diziam respeito a uma observação de Marte e a passagem de Júpiter por Saturno (fenômeno esse chamado de conjunção) que acontece somente a cada vinte anos. As tabelas baseadas nos cálculos de Ptolomeu e Copérnico para o movimento dos planetas falharam na tentativa de prever essa conjunção. O então adolescente Tycho pensou que ele próprio poderia fazer tabelas mais precisas.

Suas observações, contudo, eram feitas de maneira muito precária. Em maio de 1564, ele fez novas observações com seu recém-adquirido instrumento de medição astronômica: a balestilha. Esse instrumento era utilizado na época dos descobrimentos, mais de um século antes do nascimento de Tycho, para orientação no mar.

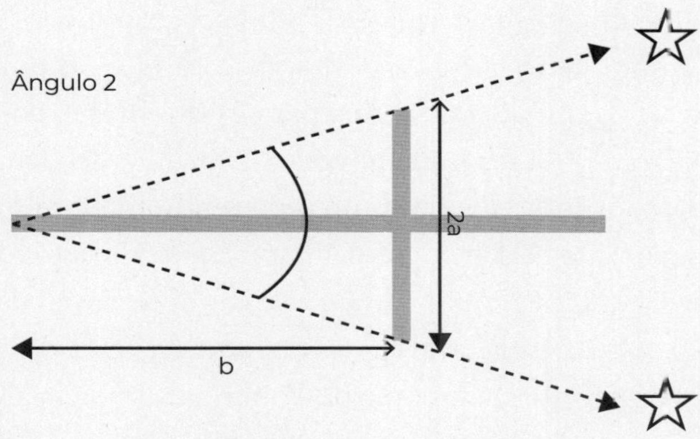

Figura 3.1: Balestilhas (mede a distância angular entre duas estrelas).

Em maio de 1565, Tycho e Anders retornaram para casa. Nesse mesmo ano, morre o pai de criação de Tycho, Jørgen. Como Tycho não era o herdeiro legal de Jørgen, ele retorna para a guarda de seus pais biológicos.

Depois desse episódio, ele passou por várias universidades a contragosto de seu pai biológico, que esperava que ele seguisse a carreira política. Durante esse período, Tycho perdeu parte do nariz em uma briga com outro estudante dinamarquês e o substituiu por uma prótese de ouro e prata.

Até a morte de seu pai biológico, Otte Brahe, em maio de 1571, Tycho fez diversas viagens e aproveitou esse tempo para projetar novos instrumentos astronômicos que pudessem melhorar a qualidade das observações.

Após a morte de Otte Brahe, Tycho se estabeleceu em Herrevad Abbey, cidade na qual morava seu tio Steen Bille. Os dois então se uniram para transformar Herrevas em um refúgio para o estudo de assuntos que interessavam tanto o tio quanto o sobrinho. Juntos, montaram um observatório astronômico, uma fábrica de instrumentos e um laboratório de alquimia.

Uma grande mudança na vida de Tycho aconteceu com a publicação de seu primeiro livro *De stella nova*, em 1573. A publicação desse livro foi uma decisão difícil para Tycho Brahe, pois ele vinha de uma família da mais alta nobreza. Trabalhos acadêmicos eram considerados indignos do esforço de um homem nobre. A descoberta da nova estrela aconteceu em uma noite de outono (no hemisfério norte) de 1572. Após várias noites de observação, Tycho concluiu que a nova estrela estava mais distante da Terra do que a Lua. Para aquela época essa foi uma descoberta escandalosa, pois o pensamento aristotélico permeava todo conhecimento e cultura da Europa. Vale lembrar que, de acordo com o pensamento de Aristóteles, todos os corpos celestes além da Lua eram imutáveis e perfeitos. Tycho exclamou após essa descoberta:

> "Que fiquem mudos todos os filósofos, tantos os antigos quanto os atuais! Que fiquem mudos todos os teólogos que interpretam os mistérios divinos! Que fiquem mudos os matemáticos que descrevem os movimentos dos corpos celestes!"[7]
>
> **Tycho Brahe**

Muitos anos depois, em 1945, o astrônomo Water Baade descobriu que o objeto visto por Tycho Brahe em 1572 era uma supernova, a explosão de uma estrela.

Nasce o notável astrônomo

Nesse período, a obra de Copérnico ainda não era perseguida pela Igreja. Como não havia evidências observacionais comprovando ou refutando nenhum dos dois modelos para o movimento dos corpos celestes (o de Ptolomeu ou o de Copérnico), as duas ideias conviviam em uma frágil harmonia. A teoria heliocêntrica era vista como um modelo matemático que não representava a realidade. Tycho acreditava que a astronomia era mais que um modelo matemático, que dela deveríamos obter a realidade do movimento dos corpos. Apesar de reconhecer Copérnico como um grande matemático, Tycho não aceitava a ideia de uma Terra em movimento, pois não existia nenhuma evidência física disto. Mais tarde Tycho irá propor o modelo Tychonico, no qual todos os planetas conhecidos giravam em torno do Sol e este girava em torno da Terra, assim como a Lua.

Em 1575, Thycho recebe a herança pela morte de seu pai biológico e a oferta do rei Frederick da Dinamarca de assumir a ilha de Hven para continuar suas pesquisas em astronomia. Com essa oferta, o rei deixa claro seu apoio à escolha não ortodoxa de carreira de Tycho. Ele, que a essa altura, para fugir de suas obrigações como nobre, pensava em deixar a Dinamarca e se dedicar exclusivamente à astronomia, volta atrás e assume o posto em Hven.

Em 1577, Tycho se depara com um espetáculo no céu de Hven: a passagem de um cometa. O mesmo cometa visto pelo pequeno Kepler e sua mãe.

A fortuna de Tycho era cada vez maior e ele investia mais e mais em instrumentos astronômicos, obtendo precisão jamais imaginada pelos seus contemporâneos. Os instrumentos eram construídos em uma fábrica montada pelo próprio Tycho e supervisionada de perto por ele. Um globo enorme terminado em 1578 era de grande orgulho para Tycho e se tornou a peça central de seu observatório. O objetivo era colocar nesse globo a posição de todas as estrelas observadas e catalogadas até então.

Em 1588 a saúde do rei Frederick se deteriora e ele morre no dia 4 de abril. Ao completar a maioridade e assumir o trono, príncipe Christian transfere Tycho (sob protestos veementes) de Hven.

O último registro de uma observação em Hven data de 15 de março de 1597. Devido à perda de Hven e outras medidas tomadas pelo rei Christian, Tycho decide deixar a Dinamarca com sua então esposa e seus seis filhos.

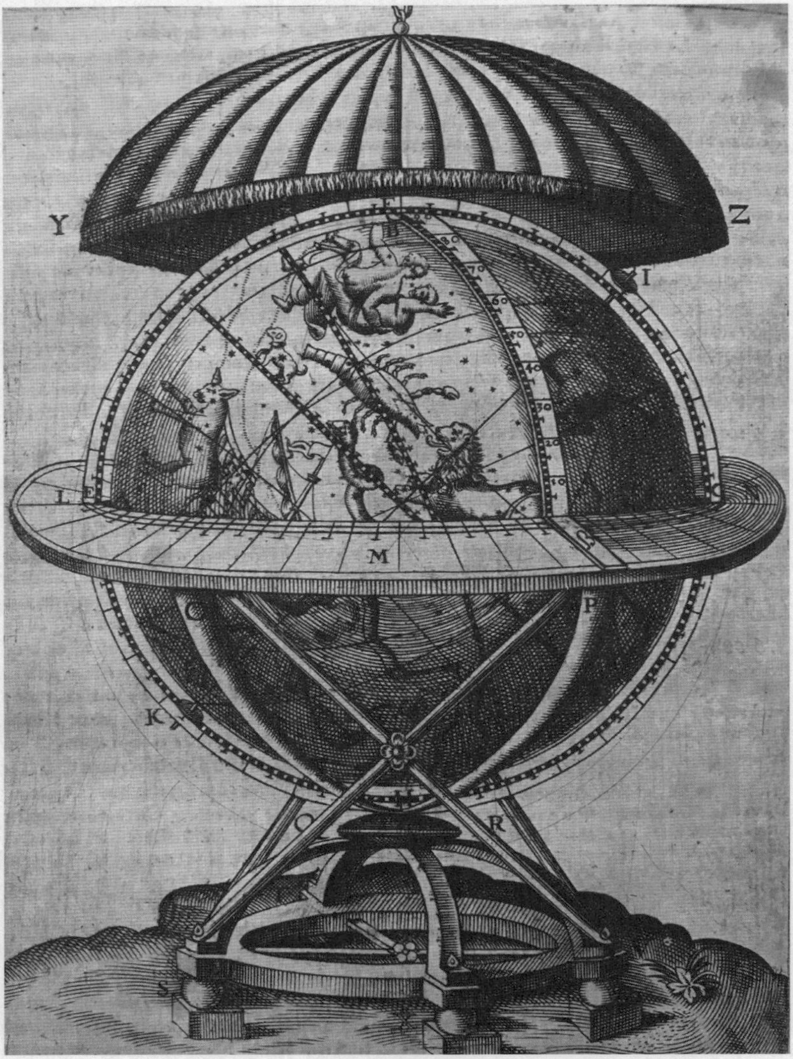

Figura 3.2: Globus Magnus Orichalcicus.

Fonte: Peça central do observatório de Tycho Brahe. The Royal Society ©.

Enquanto procurava por um novo castelo fora do domínio da Dinamarca, Tycho Brahe publica um novo livro, intitulado *Astronomiae Instauratae Mechanica*, no qual ele descreve seus instrumentos, como foram elaborados e as observações em Hven. Pensando na possibilidade de se mudar para Praga, ele dedica esse livro ao imperador Rodolfo II de Habsburg, imperador do sacro império Romano-Germânico, rei da Boêmia e da Hungria. Acumulando contatos na Europa e indicado por pessoas da confiança de Rodolfo II, entre os anos de 1599 e 1600, Tycho já se estabelece no castelo Benatky nos arredores de Praga.

Aproximadamente um ano antes, no início de 1598, o livro de Kepler, *Mysterium Cosmographicum*, também chegava às mãos de Tycho.

Figura 3.3: Retrato de Tycho Brahe.
Fonte: Retrato que aparece no livro *Astronomiae Instauratae Mechanica.*

CAPÍTULO 4

A improvável parceria

Os europeus estavam divididos, e as lutas políticas provenientes das disputas religiosas cresciam na Europa católica. A Contrarreforma chegava a Graz, cidade onde trabalhava o luterano Johannes Kepler. Em 1598, ordenou-se que todos os pregadores e professores universitários protestantes deixassem Graz sob pena de morte aos que decidissem permanecer.

Kepler continuou na cidade o máximo possível, mesmo sob crescentes restrições. Os protestantes que ainda residiam em Graz frequentavam a igreja e recebiam os sacramentos em cidades vizinhas. Com o passar do tempo, contudo, o cerco foi se fechando e esse hábito foi considerado proibido. As pessoas eram forçadas a batizar seus filhos dentro do catolicismo. Todas as escolas, exceto a dos Jesuítas, foram fechadas. Os rumores eram de que mais cedo ou mais tarde todos os protestantes seriam expulsos da cidade sem direito de vender suas propriedades. Diante das evidências, Kepler concluiu que era hora de deixar a cidade. Até então ele tinha se recusado a fazê-lo, pois a essa altura estava casado com Barbara, a filha de um rico comerciante que tinha posses em Graz.

As esperanças de Kepler se voltaram então para Tycho Brahe, cujo sucesso como astrônomo era inquestionável. Tycho, interessado no trabalho de Kepler exposto no livro *Mysterium Cosmographicum*, já havia escrito uma carta para ele mencionando a possibilidade de uma parceria entre os dois.

No início de 1600, Kepler chega ao castelo Benatky para uma parceria cheia de conflitos, idas e vindas. Kepler com 28 anos e Tycho com 53 buscavam, agora juntos, desvendar o mistério dos céus.

Kepler esperava utilizar os dados coletados durante anos por Tycho Brahe para demonstrar seu modelo baseado nos sólidos de Platão. Kepler acreditava que Tycho não sabia o que fazer com o tesouro de informações astronômicas que havia acumulado:

> "Tycho possui as melhores observações, e consequentemente material para a construção de uma nova estrutura; ele também possui assistentes e tudo mais que alguém pode desejar. Falta a ele somente o arquiteto que usa tudo isso de acordo com um plano [...]" [8]
>
> **Johannes Kepler**

Kepler seria esse arquiteto. Mais tarde, ele descobriria as leis que regem os movimentos dos corpos celestes graças às observações de Tycho Brahe.

Entretanto, as coisas não foram fáceis. Ao chegar ao castelo Benatky, Kepler fez várias exigências que Tycho não estava totalmente disposto a cumprir, sequer poderia. Por exemplo, Kepler exigia um salário que Tycho não poderia pagar, pois seu próprio salário tinha ficado até o momento somente na promessa do Imperador Rodolfo II.

Finalmente, após muitas desavenças, eles chegaram a um acordo. Tycho iria intervir por ele no conselho de Graz de forma que Kepler continuasse a receber seu salário de professor da escola seminarista enquanto trabalhava com Tycho em Praga. Parecia improvável, contudo, que fosse aprovado pelo conselho católico de Graz que o professor luterano Kepler continuasse recebendo deles e trabalhando no exterior. As esperanças estavam depositadas na possível interferência de Rodolfo II, imperador católico do sacro império Romano-Germânico.

Kepler retorna a Graz e admite sua esperança como infundada. O pedido de Kepler foi negado e seu futuro era incerto. Ele não poderia voltar para Praga e viver da boa vontade de Tycho. Além do mais, sua esposa estava acostumada com um certo padrão de vida proporcionado pelo pai e pelos dois maridos anteriores. Ela era viúva pela segunda vez com apenas 22 anos.

Ele escreveu para Tycho logo após receber as más notícias do conselho de Graz. Tycho prontamente respondeu que o fracasso do contrato não tinha importância e pediu que ele voltasse o mais rápido possível para Praga. Todavia, Kepler não queria contar somente com a benevolência de Tycho.

O pesadelo de Kepler estava longe de acabar. Em 27 de julho de 1600, o arquiduque Fernando II de Habsburgo, convocou os habitantes de Graz para um teste de fé. Todos aqueles que não fossem católicos teriam a chance de se converter. Kepler disse que não se converteria e foi definitivamente banido de Graz.

No dia 19 de outubro de 1600, Kepler, sua esposa e a enteada chegam em Praga. Ele não tivera escolha quando todas as portas se fecharam para ele, menos as portas do castelo Benatky. Os doze anos seguintes seriam os mais importantes da vida de Johannes Kepler.

Durante os primeiros meses, sob a vigilância de Tycho ou de outro supervisor de sua confiança, Kepler foi designado para trabalhar na órbita de Marte. Tycho estava paranoico que alguém pudesse roubar suas ideias e dados. Ao mesmo tempo, não simpatizava com a ideia de que Kepler defendia o modelo de Copérnico quando o objetivo de Tycho era provar o modelo Tychonico.

Kepler viu nessa tarefa uma oportunidade de testar a hipótese de que o Sol, de alguma forma, controlava o movimento dos planetas. Essa ideia de força surgiu enquanto Kepler escrevia seu primeiro livro, mas com os dados disponíveis, ele concluiu que ela não se adequava ao movimento da Terra. Com dados mais precisos coletados por Tycho e seus assistentes, Kepler não só confirmaria a hipótese de que o Sol controlava o movimento da órbita de Marte como também o da Terra.

Um ano depois da chegada de Kepler, pressentindo que seu tempo se esgotava, Tycho finalmente apresenta Kepler ao imperador Rodolfo e propõe que ele e Kepler estariam dispostos a construir tabelas astronômicas de grande precisão, e que as chamariam de Tabelas Rudolfinas. O imperador ficou emocionado com a iniciativa e finalmente ofereceu um salário a Kepler.

Alguns dias depois, outro evento mudaria mais uma vez os rumos da vida de Kepler. Em 24 de outubro de 1601, morre Tycho Brahe de uma doença na bexiga. Tycho passou cinco dias e cinco noites de agonia e, entre delírios, pedia que sua vida não tivesse sido em vão. Não seria.

Dois dias depois da morte de Tycho, Kepler foi surpreendido pela notícia de que o imperador decidira transferir para Kepler todo o legado de Tycho Brahe, ele seria o seu sucessor e o novo matemático imperial.

Astronomia nova

Debruçado sobre o problema da órbita de Marte, Kepler avançava lentamente. Esse problema já era conhecido pelos astrônomos. Marte possuía a maior excentricidade na órbita se comparado com os outros planetas. Foram quase nove anos entre os primeiros passos e a publicação do livro revolucionário, *Astronomia Nova*.

Um dos pensamentos que guiou Kepler durante essa jornada foi sua convicção de que do Sol emanava uma força que movia os planetas fazendo que eles acelerassem quando passavam perto dele e desacelerassem quando se afastavam, em uma órbita assimétrica. Nesse caso, o Sol deveria ser responsável pelo movimento planetário e não um ponto imaginário como descrito tanto por

Ptolomeu quanto por Copérnico. Kepler não se contentava em descrever o movimento dos planetas; ele queria explicar o que causava os fenômenos vistos no céu, queria uma explicação física para o movimento dos corpos celestes. Por que os planetas se movem dessa forma? A intenção de Kepler era unir a física e a astronomia, o que era impensado para os estudiosos da época, porque se tratava de áreas totalmente distintas. O objetivo da astronomia era descrever o movimento dos astros através da geometria e da cinemática. Como transformar a astronomia em mecânica celeste?

Após testar algumas de suas suposições iniciais, Kepler concluiu, de forma equivocada – embora brilhante –, que a força que emana do Sol diminuía de forma inversamente proporcial à distancia a ele. Ele generalizou essa conclusão para todos os demais planetas.

A tarefa diante de Kepler era muito mais complexa do que ele havia previsto, pois, apesar de sua inegável habilidade matemática, muitas ferramentas, como o cálculo diferencial e integral, ainda não tinham sido inventadas. Entretanto, Kepler daria um grande passo nessa direção ao utilizar em *Astronomia Nova* um método para calcular a área de um círculo, desenvolvido pelo matemático Arquimedes, no qual ele dividia o círculo em pequenos triângulos isósceles. No caso de Kepler, o problema era, contudo, mais complicado, pois as órbitas eram assimétricas e os triângulos não eram mais isósceles.

Depois de muitos cálculos e utilizando os dados coletados por Tycho Brahe, Kepler chegou ao que conhecemos hoje como a segunda lei de Kepler para o movimento dos planetas: A linha imaginária ligando o Sol aos planetas varre áreas iguais em tempos iguais.

O próximo passo, não menos trabalhoso, era definir a forma da órbita. Depois de muitas tentativas, entre elas órbitas ovais, Kepler finalmente resolve o problema do formato das órbitas: os planetas se movem em elipses com o Sol em um dos focos.

Por fim, a teoria que perdurou por mais de um milênio de que todos os movimentos dos corpos celestes devem ser circulares e uniformes, desmoronou-se. Kepler rompeu definitivamente os laços com o pensamento aristotélico.

Esses resultados foram publicados no livro *Uma nova astronomia "baseada nas causas" ou uma "física dos céus" derivada das investigações dos movimentos da estrela Marte,* fundada nas observações do nobre Tycho Brahe em 1609.

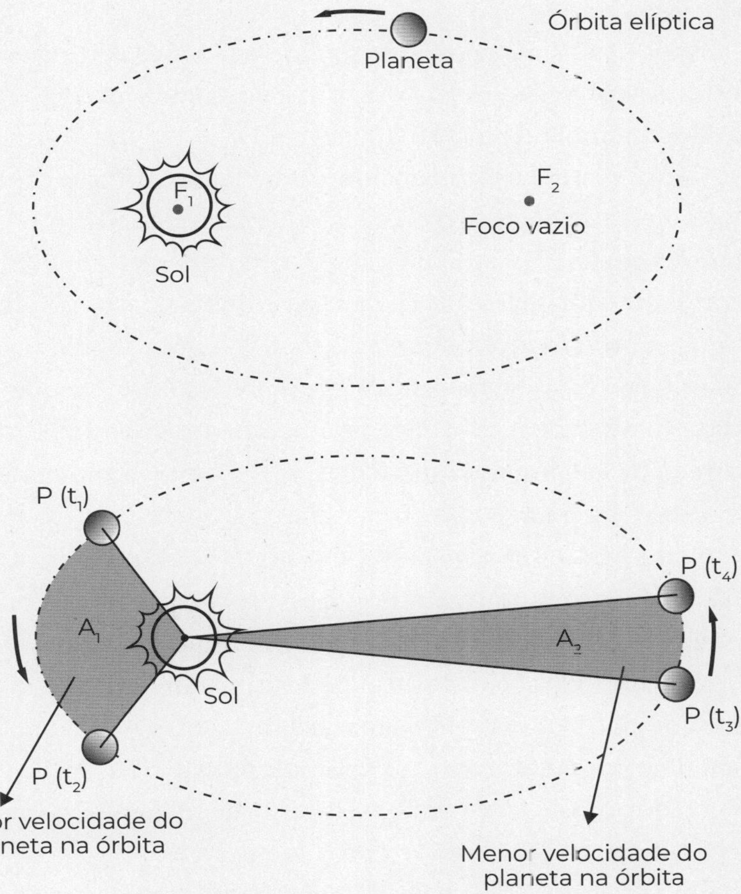

Figura 4.1: Primeira e segunda Leis de Kepler.

Harmonias do mundo

Logo após a publicação de *Astronomia nova,* uma grande notícia chegou ao conhecimento de Kepler: o astrônomo italiano Galileu Galilei havia observado quatro novos planetas utilizando um telescópio. O ano era 1610 e mais uma vez a história se repete: pouquíssimos acreditaram na descoberta. O visionário Johannes Kepler figurava entre esses poucos; contudo, ele acreditava que os planetas eram, na verdade, "Luas" de Júpiter, pois ele ainda acreditava em sua teoria baseada nos sólidos de Platão, e que só poderia haver seis planetas. Para seu alívio, no livro *Sidereus Nuncius,* "Mensageiro das Estrelas", Galileu confirma que os quatro planetas são de fato satélites naturais orbitando Júpiter.

Kepler fez suas próprias observações, com um telescópio emprestado, entre 30 de agosto e 9 de setembro de 1610. Ele não só confirmou as descobertas de Galileu como escreveu um livro explicando como duas lentes poderiam ser combinadas para aumentar a imagem observada. O interesse de Kepler por óptica vinha de longa data e ele já havia publicado um livro sobre o assunto anos antes. O livro *Dioptrice* continha demonstrações matemáticas sobre óptica utilizando duas lentes, bem como um novo modelo de telescópio: o telescópio Kepleriano.

Nessa mesma época, apesar dos grandes avanços na astronomia, a situação política em Praga estava colapsando. O reinado do imperador Rodolfo havia chegado ao fim depois que rumores questionando sua sanidade mental se espalharam. O irmão Mathias seria coroado. A Contrarreforma chegava também a Praga. Kepler mais uma vez se viu tendo que procurar um novo lar. Após o novo imperador consentir e manter seu cargo de matemático imperial, Kepler escolhe Linz como seu próximo destino.

Em maio de 1612, Kepler, recém-viúvo, chega a Linz para lecionar em uma escola parecida com aquela de Graz. Sem esposa e com dois filhos[9], a primeira preocupação de Kepler era se casar novamente. Em 30 de outubro de 1613 ele se casa com Susanna.

Os anos após seu casamento foram de dificuldade ímpar, não só na vida pessoal de Kepler, mas também na situação religiosa da Europa. Em dezembro de 1615, sua mãe é acusada de bruxaria. Um longo e dispendioso julgamento teve início e ocupou grande parte dos esforços de Kepler até setembro de 1621, quando ela finalmente foi colocada em liberdade e as acusações retiradas. Nesse meio-tempo, em 1617, morre também a primeira filha do seu segundo casamento e sua enteada do casamento com Barbara.

Lutando contra todas as adversidades Kepler continua seus estudos astronômicos. A ideia de que Deus criou o cosmos de acordo com uma simetria e harmonia não o abandona. Ele retoma o pensamento elaborado em *Mysterium Cosmographicum* na formulação da série de cinco livros intitulados *Harmonices Mundi*. Kepler divide os volumes no estudo das harmonias do mundo nas áreas da matemática, da música, da astrologia e da astronomia. Nesse último tópico é publicado, em 1619, *Harmonices Mundi Libri V*, no qual a terceira lei de Kepler é formulada. Ele concluiu que a harmonia dos céus seria encontrada caso se estabelecesse a dependência entre o tempo que cada planeta levava para completar sua órbita em torno do Sol (chamado período orbital) e sua respectiva distância ao Sol, pois esse ocupava o lugar central no Universo Kepleriano. A terceira lei de Kepler foi finalmente encontrada após inúmeras tentativas: o quadrado do período orbital de um planeta é proporcional ao cubo de sua distância mediana ao Sol.

As brigas religiosas entre católicos e protestantes fervilhavam na Alemanha de Kepler e um ano antes da publicação do último volume de *Harmonices Mundi* estourava, por causas políticas, o pior abuso religioso que a Alemanha já havia presenciado. Entre 1618 e 1648, a assustadora Guerra dos Trinta Anos devastou o país.

Em Praga, cidade que acolhera Kepler por tantos anos, líderes protestantes eram executados brutalmente.

Em 1622, todos os protestantes em Linz são obrigados a se converter ou deixar a cidade. Kepler foi poupado, mas sofreu com a censura. Em meio à turbulência, ele termina as Tabelas Rudolfinas prometidas mais de vinte anos antes ao então imperador Rodolfo.

Mais uma vez, por motivos religiosos, ele é obrigado a deixar Linz. Em julho de 1628, Kepler se muda para Sagan, na Silésia (hoje em dia parte da Polônia). Em novembro 1630, então com 58 anos, Kepler resolve voltar a Linz para reaver seu salário. Durante a viagem ele adoece e morre no dia 15 de novembro de 1630.

CAPÍTULO 5

Galileu Galilei

Sete anos antes do nascimento de Johannes Kepler, nascia, em Pisa, na Itália, o filho mais velho do musicista florentino Vincenzo Galilei, no dia 15 de fevereiro de 1562. Durante sua juventude, Galileu dedicou-se ao estudo do latim, grego e lógica aristotélica, primeiro em Pisa e mais tarde em Florença, para onde se muda com sua mãe com aproximadamente dez anos. Galileu também passou algum tempo como noviço em um monastério a quarenta quilômetros de Florença, mas foi impedido por seu pai de completar os votos. Vicenzo tinha outros planos para o seu primogênito: a prestigiosa faculdade de medicina. Em 1581, Galileu é matriculado na Universidade de Pisa.

Contudo, Galileu não se interessou pela carreira de médico e ansiava por aprender matemática. Galileu começou a estudar matemática em segredo e pouco mais de três anos após iniciar seus estudos na Universidade de Pisa, ele abandona o curso de medicina e volta a Florença para se dedicar exclusivamente ao estudo da matemática. Ele avançou em seus estudos, passando dos ensinamentos de Euclides aos de Arquimedes, seu grande ídolo. Até hoje Arquimedes, que viveu na Grécia no século III a.C., é considerado um dos maiores matemáticos da antiguidade.

Entre 1585 e 1589, Galileu dedicou-se à sua pesquisa independente e escreveu *La bilancetta*, artigo no qual ele refez um famoso experimento de Arquimedes, porém introduzindo métodos mais precisos de medição. Nesse pequeno ensaio, Galileu já demonstrava preocupação com medições precisas e introduzia o que seria uma revolução no método científico. O livro *A pequena balança* seria publicado somente após sua morte.

> "A ideia de que tenha procedido [Arquimedes], como escreveram alguns, mergulhando a dita coroa na água, depois de ter feito o mesmo separadamente com quantidades iguais de ouro e prata, e que tenha conseguido conhecer a mistura de ouro e prata de que era feita a coroa a partir das maiores ou menores quantidades de água transbordadas ou deslocadas, parece, por assim dizer, bem grosseira e distante da precisão [...]"[10]
>
> **Galileu Galilei**

Em 1589 ele se trona professor de matemática na Universidade de Pisa. Em 1592, é transferido para a universidade de Pádua. Sua pesquisa era dedicada ao movimento dos corpos, em especial o movimento dos corpos em queda livre. No início do ano de 1610, esses estudos foram, contudo, prorrogados em detrimento de um novo interesse: a astronomia. O trabalho de Nicolau Copérnico, *Das revoluções dos orbes celestes*, chega ao conhecimento de Galileu, o que, somado à descoberta do telescópio, o envolve em pesquisas e discussões astronômicas pelos próximos sete anos.

Em meio ao entusiasmo de Galileu, o cenário conturbado da Europa pedia cautela. Qualquer trabalho publicado poderia ser interpretado como herético pelo tribunal da Santa Inquisição caso contrariasse a interpretação oficial da Bíblia. O filósofo Giordano Bruno é um grande exemplo da guerra travada pela Igreja contra o que era considerado heresia. Giordano duvidou abertamente da autoridade da Igreja Católica e publicou vários trabalhos nos quais defendia erros teológicos e sua crença no Universo infinito. Ele acreditava que o Universo era composto por uma infinidade de estrelas e planetas e que, assim como na Terra, poderiam possuir vida inteligente. Mas o que de fato condenou Giordano Bruno a ser queimado vivo pelo tribunal da Inquisição do Santo Ofício foram suas ideias sobre a alma e sua concepção de Deus. A execução de sua sentença ocorreu no dia 17 de fevereiro de 1600.

O mensageiro das estrelas

> "A lua certamente não possui uma superfície lisa e polida, mas acidentada e desigual, assim como a superfície da própria Terra, cheia de protuberâncias, abismos profundos e sinuosidades."[11]
>
> **Galileu Galilei**

A grande novidade que levou Galileu a mudar o rumo de suas pesquisas foi a descoberta por um oculista holandês de que a combinação de diferentes tipos de lente poderia magnificar as imagens. Era início de 1608, e Galileu resolveu reproduzir a façanha. Os melhores telescópios holandeses aumentavam as imagens em seis vezes. Em meados de 1609, Galileu já possuía um aparelho que aumentava as imagens em vinte vezes e em poucos anos obteria ainda melhores resultados. Ele então decidiu apontá-lo para os céus de Veneza, que naquela época do ano já apresentavam dias mais curtos e noites mais longas.

Para sua surpresa, Galileu conseguiu distinguir muito mais estrelas do que lhe era permitido quando olhava para o céu a olho nu. Ele notou que a nossa galáxia, a Via Láctea, era muito mais que uma névoa branca no céu, mas sim um denso aglomerado de pequenas estrelas, indistinguível a olho nu. Ao direcionar o telescópio para a lua, ele percebeu que sua superfície era esculpida por montanhas e vales assim como a Terra, em desacordo com a maioria dos filósofos aristotélicos da época que insistiam veementemente em que a lua era uma esfera perfeita.

Essas descobertas sustentavam a visão de Copérnico de que a Terra e os céus compartilhavam das mesmas características. Mas a descoberta mais estarrecedora veio pouco tempo depois e de fato abalaria a ideia da época de que os corpos celestes além da Lua eram imutáveis e perfeitos.

> "No sétimo dia de janeiro do presente ano, 1610 [...] o planeta Júpiter se apresentou para mim. [...] eu notei algo que nunca tinha sido capaz de notar anteriormente [...] três diminutas estrelas, pequenas, mas muito brilhantes, estavam próximas do planeta."[12]
>
> **Galileu Galilei**

As três diminutas estrelas descobertas por Galileu naquele dia são as luas de Júpiter. Ele continuou a observar Júpiter por vários dias e em 13 de janeiro observou a quarta lua pela primeira vez. Durante suas observações, notou que as pequenas estrelas se movimentavam diariamente com relação ao planeta e descartou a hipótese de que poderiam fazer parte do fundo de estrelas fixas. Alguns meses depois, Kepler também observou as luas de Júpiter, confirmando a existência desses objetos que orbitavam o gigante gasoso.

Galileu logo se deu conta do valor da sua descoberta e, para se promover, resolveu nomear as luas de Júpiter em homenagem à família do grão-duque da Toscana Cosme de Médici. As luas passaram a se chamar estrelas "Medicianas". O livro cheio de ilustrações detalhadas dos fenômenos observados foi publicado em 13 de março de 1610, com uma tiragem inicial de 550 cópias que se esgotaram logo na primeira semana. Galileu era um sucesso. Ele então revoga seu contrato com a Universidade de Pádua e se torna filósofo e matemático do grão-duque da Toscana. Galileu volta para Florença em setembro de 1610.

O livro *Sidereus nuncius* apresentava fortes evidências de que os orbes celestes não orbitavam todos ao redor da Terra, o centro comum do Universo. Galileu se sente confiante então para adotar o modelo de Copérnico e atacar tanto as visões de Tycho Brahe (modelo Tychônico) quanto de Ptolomeu abertamente.

Logo após a publicação do *Sidereus nuncius* e antes mesmo de voltar para Florença, Galileu observa as manchas solares. Os resultados, porém, são publicados somente em março de 1613 juntamente com previsões de alguns meses sobre as posições das luas de Júpiter. Filósofos da época, enraizados no pensamento aristotélico, acreditavam que as manchas solares poderiam ser pequenos corpos celestes orbitando próximos ao Sol. Galileu, ao contrário, dizia que as manchas estavam muito próximas ou na própria superfície do Sol.

Outra descoberta do ano de 1610 que deixou Galileu completamente entusiasmado foi que, assim como a lua, o planeta Vênus possui fases. Ele rapidamente escreveu para Kepler a fim de anunciar sua descoberta. As fases de Vênus, como foram observadas, eram facilmente explicadas caso ele orbitasse o Sol e não a Terra. A Igreja ainda não havia se manifestado de forma negativa às descobertas recentes sobre o movimento dos orbes celestes. Contudo, um confronto entre a interpretação tradicional das escrituras e os fatos apresentados por Galileu era inevitável e iminente.

Atritos com a Igreja

O modelo de Copérnico contrariava as escrituras sagradas, ou pelo menos era isso que pensavam teólogos e devotos, entre eles a mãe do grão-duque da toscana, Cristina de Lorena. Benedetto Castelli, matemático italiano e discípulo de Galileu, após jantar com a grã-duquesa, relatou a Galileu os debates envolvendo o modelo de Copérnico e a Bíblia naquela noite. Galileu não perdeu tempo e redigiu cartas públicas defendendo Copérnico endereçadas não só a Castelli, mas também a Cristina, em dezembro de 1613.

Nessas cartas, Galileu expõe suas ideias com relação à Bíblia e à natureza. De acordo com Galileu, as palavras de Deus na Bíblia são adaptadas à capacidade limitada da compreensão humana. Nesse caso, muitas passagens da Bíblia não devem ser interpretadas literalmente como verdades. Ao contrário, os fenômenos da natureza (que também são palavras de Deus) não podem ser modificados para a nossa compreensão. Galileu sugere então que as escrituras sagradas devam ser interpretadas à luz do modelo heliocêntrico. Pouco mais de um ano depois, a carta a Castelli chega ao conhecimento do dominicano Niccolo Lorini, que envia uma cópia ao Santo Ofício em Roma. Um inquérito é aberto contra Galileu.

No dia 24 de fevereiro de 1616, a Igreja condena as duas propostas de Copérnico, a de que o Sol não se move (por contrariar várias passagens das escrituras sagradas) e de que a Terra se move, tanto ao redor do Sol como sua rotação diária. Assumir que os fenômenos naturais de fato ocorriam como proposto no modelo heliocêntrico de Copérnico era agora considerado heresia. Em março, o livro *Das revoluções dos orbes celestes* foi condenado a ser modificado para se adequar às exigências da Igreja e todos os livros que ensinavam o heliocentrismo como o verdadeiro movimento dos corpos celestes foram banidos. Galileu foi advertido a não ensinar, defender ou discutir sobre Copérnico sob pena de prisão.

Contudo, em 1630, Galileu termina o livro que havia começado em 1597, intitulado *Diálogo sobre os dois máximos sistemas do mundo.* Nesse livro ele discute as visões de Aristóteles e as de Copérnico sob a forma de um diálogo entre três personagens: Salviati, Sagredo e Simplício. Aqui vemos nitidamente a intenção provocativa de Galileu, pois o personagem Simplício defende o modelo de Aristóteles, enquanto Salviati defende o modelo de Copérnico. Sagredo seria imparcial, mas acaba sempre concordando com os argumentos de Salviati.

Em maio de 1630, Galileu deixa Florença rumo a Roma e leva consigo o manuscrito do livro recém-escrito. O livro precisava passar pela aprovação dos censores da Igreja para ser publicado. O papa Urbano VIII, numa audiência com Galileu, não havia imposto nenhum empecilho ao livro. O papa acreditava que ele apresentava os dois sistemas em pé de igualdade e que o sistema de Copérnico seria tratado somente como uma hipótese e não como uma realidade do movimento dos orbes celestes.

Em meio ao caos que assolava a Europa, Galileu tentava publicar *Diálogo* o mais rapidamente possível. As correções no texto foram feitas pelo padre Niccolo Riccardi, indicado mestre do Sacro Palácio pelo papa Urbano VIII. A Guerra dos Trinta Anos estava em curso e a Igreja católica mais enfraquecida do que nunca. A Peste Negra matava milhares de pessoas na Itália. A relação de Galileu com Roma estava deteriorada e o tempo não corria a seu favor. Em meio a todas essas circunstâncias, Galileu decide publicar seu livro não mais em Roma, mas em Florença. A versão final do texto foi então revisada por um censor Florentino e o livro publicado em fevereiro de 1632.

Quando algumas cópias do livro chegaram a Roma, o papa demonstrou grande insatisfação com o resultado. Além disso, constatou-se que Galileu tinha sido proibido de discutir sobre Copérnico desde 1616. A decisão estava tomada. Galileu deveria comparecer a Roma para um novo julgamento diante do tribunal da Santa Inquisição. Galileu se apresenta em Roma um ano depois da publicação do seu livro, em fevereiro de 1633. Em sua defesa, Galileu argumentava que o livro tinha passado pelos censores e sido aprovado. Finalmente, após meses sob custódia e inúmeros interrogatórios, Galileu decide concordar que *Diálogo* passa aos leitores a falsa impressão de defender o sistema de Copérnico, mas nega que esse seja seu pensamento. Galileu é declarado culpado de heresia e seu livro é banido. Ele permanece em prisão domiciliar até o fim de sua vida.

Somente em 1992, o papa João Paulo II reconheceu os erros cometidos pelo tribunal eclesiástico em 1633 e admitiu a grandeza de Galileu para a ciência.

Duas novas ciências

Depois de trabalhar por anos no que é considerada sua obra-prima, *Discursos sobre as duas novas ciências* foi finalmente publicado no ano de 1638 em Leiden na Holanda. Galileu tentou publicá-lo antes em outros lugares, inclusive Veneza, mas descobriu que qualquer publicação sua estava proibida pela Igreja, independentemente do tema. No livro, Galileu, mais uma vez, descreve suas ideias através do diálogo entre os três personagens, Salviati, Sagredo e Simplício.

A primeira nova ciência está relacionada com a matemática da resistência dos materiais, ou seja, a resistência que os materiais impõem à sua própria quebra. A discussão entre os personagens se desenrola na exposição de motivos para explicar por que um objeto maior, feito exatamente do mesmo material e mesmas proporções de um objeto menor, é menos resistente.

A segunda nova ciência diz respeito ao movimento dos corpos e começa com uma crítica à lei dos objetos em queda, descrita por Aristóteles: corpos com massas diferentes, caindo de uma certa altura no mesmo meio (por exemplo, o ar), adquirem velocidades proporcionais a suas massas; e o mesmo corpo caindo de uma certa altura em meios diferentes assume velocidade inversamente proporcional à densidade do meio (se a densidade de um meio qualquer fosse dez vezes maior que a do ar, a velocidade do objeto nesse meio seria dez vezes menor). Galileu demonstra que o mesmo objeto em queda em dois meios diferentes não adquire velocidades inversamente proporcionais à densidade dos meios, utilizando-se do método empírico, ou seja, através da experiência. Além disso, ele mostra que objetos caem à mesma velocidade, independentemente da massa. Para isso, ele utiliza planos inclinados, reduzindo a velocidade de queda e possibilitando maior precisão nas medidas. Galileu conclui que objetos mais pesados parecem cair mais rapidamente que objetos mais leves devido à resistência do ar. A matemática desenvolvida lida, então, com objetos que são acelerados uniformemente a partir do repouso, ganhando incrementos de velocidade iguais durante intervalos de tempo iguais.

Galileu também demonstra as propriedades de um corpo cujo movimento é composto por dois outros movimentos: um uniforme (velocidade constante) e o outro naturalmente acelerado. A curva parabólica descrita por um projétil é um excelente exemplo, utilizado por Galileu, para explicar a decomposição dos dois movimentos: um horizontal uniforme e um vertical naturalmente acelerado.

Surgiam a física moderna e os alicerces para o desenvolvimento do pensamento científico. No ano da morte de Galileu, em 1642, nascia a muitos quilômetros de Florença, no Reino Unido, Isaac Newton, que proporcionaria uma das maiores revoluções científicas da história da humanidade.

Figura 5.1: Retrato de Galileu Galilei.

CAPÍTULO 6

Isaac Newton

"Platão é meu amigo, Aristóteles é meu amigo, mas a verdade é minha melhor amiga."[13]

Isaac Newton

Durante a Reforma Protestante, a Igreja da Inglaterra rompeu definitivamente com a Igreja Católica, anulando a autoridade do papa. Diferentemente das demais reformas religiosas na Europa que partiram de teólogos contrários às práticas do clero católico, a Reforma Inglesa partiu do então rei Henrique VIII após divergências políticas com a autoridade de Roma, incluindo o famoso caso do seu pedido de divórcio rejeitado pelo papa Clemente VII. Surgia então a Igreja Anglicana no século XVI, na qual o próprio rei foi designado seu chefe supremo.

Em 1642, a Guerra Civil Inglesa eclodia. Anos antes, o rei Carlos I governava alienado por suas crenças e após dissolver o parlamento pregava a unificação religiosa em todo o Reino Unido. Conflitos armados entre católicos e protestantes da Inglaterra, Escócia e Irlanda eram o prelúdio da Guerra Civil. O parlamento foi restaurado, as disputas políticas cresceram até culminarem na Guerra Civil, que dividiu o país em duas frentes: de um lado o rei Carlos I e do outro o parlamento.

É nesse pano de fundo que nasce Isaac Newton, filho de um pequeno proprietário rural, em Woolsthorpe, na Inglaterra. Seu pai morreu antes do seu nascimento, tornando o pequeno Isaac senhor das terras herdadas. Alheio aos conflitos na Inglaterra que durariam quase oito anos, Isaac Newton é criado pela avó após ser abandonado por sua mãe, que resolve se casar novamente. Ele começou seus estudos na escola local, foi alfabetizado e deu seus primeiros passos no aprendizado da Bíblia. Quando Isaac completou dez anos sua mãe retornou, após o falecimento do marido. Talvez, preocupada com os estudos do primogênito, ou querendo se ver livre dele, ela o matriculou em outra escola, em Grantham, uma vila próxima. Devido à distância, Newton era obrigado a se acomodar na casa do boticário William Clarke. Esse constante abandono da mãe trouxe consequências psicológicas que o perseguiram pelo resto da vida. Em Grantham, Newton teve uma educação mais refinada, considerando-se as escolas rurais da região. Aprendeu latim, teologia, grego e hebreu. Seu tutor, Henry Stokes, foi de fundamental importância para o seu futuro acadêmico.

Em 1659, aos dezesseis anos, Isaac volta para a casa a pedido da mãe para cuidar das terras da família e se tornar fazendeiro. Sua vocação para tal tarefa foi logo questionada. Contra a vontade inicial da mãe, mas contando com o apoio do seu ex-tutor Henry Stokes e do seu tio William Ayscough, graduado ele próprio na Universidade de Cambridge, Newton foi enviado para o Trinity College. Após uma viagem de três dias, Newton se matricula na prestigiosa universidade em junho de 1661.

Apesar dos avanços científicos das últimas décadas, das contribuições de Copérnico, Tycho, Kepler e Galileu, o ensino nas universidades inglesas estava estagnado e a tradição, enraizada no currículo, dificultava o prosperar do conhecimento. A verdade aristotélica perdurava. Ptolomeu era ainda creditado pela explicação do movimento dos orbes celestes.

Apesar da ainda difícil propagação do conhecimento na época, livros impressos, escritos em uma língua comum, o latim, viajavam centenas de quilômetros, permitindo o avanço dos estudos na Europa a partir de descobertas feitas pelos predecessores. Não era mais necessário começar do zero, e o acúmulo do conhecimento enriquecia a humanidade. A célebre frase proferida por Newton "Se vi mais longe foi porque me apoiei sobre os ombros de gigantes", simboliza esse momento histórico. Ele encontrou o caminho para fora da bolha tradicionalista predominante em Cambridge, através do filósofo francês René Descartes. Em *A Geometria*, Descartes mostra como problemas geométricos podem ser solucionados através de equações algébricas. Isso, mais tarde, possibilitaria o desenvolvimento, quase ao mesmo tempo, do cálculo diferencial e integral por Newton e Gottfried Leibniz, filósofo e matemático alemão.

Os anos de ouro

Rumores de que a peste bubônica mais uma vez matava na Europa se confirmaram com o início do ano de 1665. A praga começava a matar centenas de pessoas por semana em Londres e estava cada vez mais perigosa a vida na capital. As universidades começaram a fechar suas portas. Assim como a família real, muitos nobres, estudantes e professores deixaram a cidade. Londres sucumbia à Grande Peste. Estima-se que um em cada seis londrinos morreu, dizimando 20% da população, o equivalente a cem mil pessoas. Valas eram abertas onde corpos se empilhavam, na tentativa desesperada de conter a doença. Logo após a conclusão do bacharelado na primavera daquele ano, Isaac Newton deixa Cambridge.

De volta à sua cidade natal, isolado, Newton redefine as fronteiras do conhecimento humano. Suas perguntas filosóficas não se limitavam somente à física e à matemática. O gênio de Newton se expandia da alquimia a teologia. Ele levantava questões que iam da natureza do átomo ao movimento dos orbes celestes. Durante os dois anos que ficou afastado da universidade, no seu livro de anotações, ele escreve um novo capítulo: "História da ciência".

Método dos fluxos

Ao estudar Descartes, Newton tenta generalizar os métodos de obtenção do grau de inclinação de uma curva em cada ponto. Imagine observar um ponto qualquer de curva (uma parábola, por exemplo) através de um microscópio extremamente potente (um pedaço da curva extremamente pequeno). Newton desenvolveu um novo conceito matemático: o infinitesimal, uma quantidade extremamente pequena, mas diferente de zero. Nesse ponto, através das lentes do microscópio, a curva se assemelharia a uma linha reta, chamada de tangente. A inclinação da curva em cada ponto estaria, então, associada à inclinação da tangente nesse ponto. Newton aplicou essa técnica para resolver problemas físicos relacionados aos movimentos dos corpos. A tangente representa a direção do movimento de um corpo descrito por uma curva qualquer naquele ponto em um dado instante, e sua inclinação representa a taxa com a qual o corpo muda sua posição: a velocidade. Na física Newtoniana, o espaço e o tempo são absolutos, sendo definidos como pano de fundo para o movimento dos corpos.

Da mesma forma, Newton calculou a área formada sob uma curva, dividindo-a em retângulos e somando as áreas desses retângulos. Quanto menor a largura dos retângulos, mais as somas de suas áreas se aproximava da área total abaixo da curva. A área exata seria encontrada somando retângulos com larguras infinitesimalmente pequenas. Mais tarde, ele descobriu que esse método de quadratura (integração) era o inverso do método das tangentes (diferenciação). Nascia o cálculo diferencial e integral. O jovem Newton de 24 anos guardou sua descoberta para si por quase cinco anos.

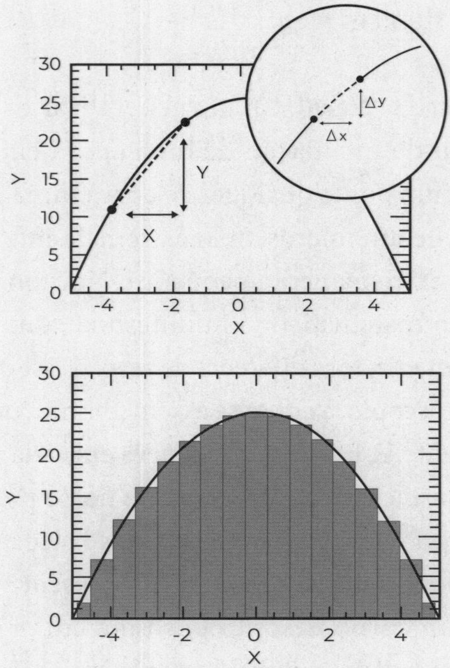

Figura 6.1: Tangentes e quadraturas.

A maçã

Em 1666, Londres ardia em chamas. Um ano após a Grande Praga se alastrar pela cidade, um incêndio que durou quatro dias destruiu o berço histórico da cidade, transformando em cinzas todo um distrito, disseminando o pânico e o caos entre os sobreviventes da peste negra. Além de dezenas de prédios públicos e igrejas, mais de dez mil casas foram consumidas pelo fogo.

Alheio aos acontecimentos na capital, Newton continuava seu rompante de criatividade na bucólica Woolsthorpe. Munido da ferramenta matemática recém-desenvolvida por ele mesmo, Newton começa a aplicá-la arduamente na física por trás do movimento dos corpos, inclusive no movimento dos orbes celestes. Ele dá os primeiros passos em direção à lei universal da gravitação: o movimento de queda da maçã de uma árvore em direção ao solo é equivalente ao movimento da Lua em relação à Terra. O poder de atração, ou seja, a intensidade da força, que a Terra exerce na maçã é, contudo, diferente da força que ela exerce na Lua. O conceito de força, apesar de vago, designava uma quantidade que podia ser medida. Inspirado pelas descobertas de Kepler, Newton conclui que essa força deve ser inversamente proporcional ao quadrado da distância entre os corpos. Ou seja, a força que a Terra exerce sobre um objeto diminui quanto maior a distância entre eles. Os resultados, ainda que insatisfatórios, impeliram-no a criar novos princípios para o movimento dos corpos:

1. Todo corpo permanece no seu estado de repouso, ou de movimento uniforme retilíneo, a não ser que seja compelido a mudar esse estado devido à ação de forças aplicadas.
2. A variação de movimento é proporcional à força motriz aplicada e dá-se na direção da reta segundo a qual a força está aplicada.
3. A toda ação sempre se opõe uma reação igual; as ações mútuas de dois corpos são sempre iguais e dirigidas às partes contrárias.

Trinity College

A praga se dispersa, contida talvez pelo incêndio que devastou a cidade. Finalmente, a Universidade de Cambridge reabre seus portões para receber alunos e professores, dentre eles Isaac Newton, que retornava a Londres após um frenesi intelectual inigualável. Ele agora galgava os degraus da academia, tornando-se membro do colegiado de Trinity em 1667, e comprometendo-se com o estatuto imposto aos membros da faculdade de servir à religião cristã.

Em parte incentivado pelos votos feitos no início da carreira, em parte devido ao temperamento introvertido, Newton nunca se casou e permaneceu casto durante toda a vida. Ele mantinha seus trabalhos desenvolvidos em Woolsthorpe em segredo. Lecionava sobre ótica, incluindo resultados dos próprios experimentos com prismas realizados durante os anos de ouro. Pouco tempo depois, em 1669, Isaac Barrow, professor lucasiano, resigna e, em seu lugar, indica Isaac Newton para ocupar a cátedra de matemática da Universidade de Cambridge aos 27 anos.

A teoria completa sobre a luz e as cores, contudo, apareceria somente em 1704. Suas disputas com Robert Hooke, experimentalista inglês, retardaria a publicação de *Opticks*. Os dois travaram debates fervorosos sobre a natureza da luz e a origem das cores. Newton defendia corretamente que a luz branca é uma mistura de todas as outras cores. Elas podem ser separadas quando a luz branca passa por um prisma que desvia (refrata) cada cor com um ângulo diferente, formando um arco-íris. Utilizando seus vastos conhecimentos em ótica, Newton também inventa um telescópico diferente dos existentes na época. Mais potente que os telescópios refratores até então recriados desde Galileu e Kepler, o novo telescópio refletor foi prontamente mostrado aos membros da Royal Society por Barrow.

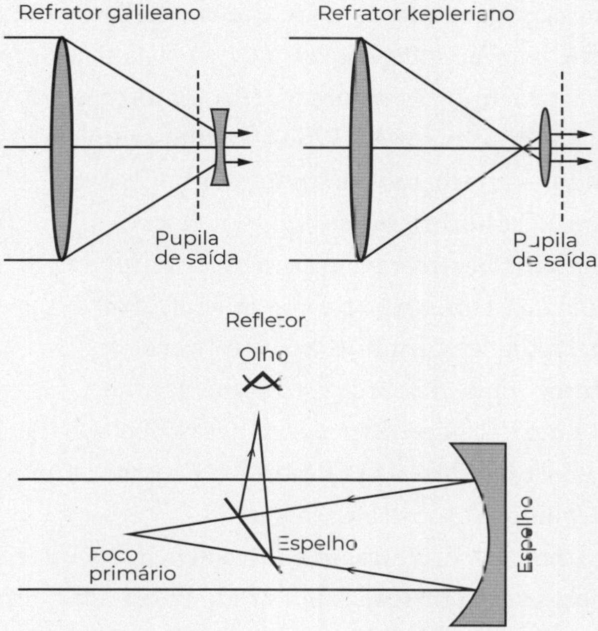

Figura 6.2: Tipos de telescópios.

Recluso e solitário, Newton passou muitos anos se dedicando à alquimia, ao estudo teológico e às interpretações do Novo Testamento, reformulando sua fé cristã. Na primavera de 1679, ele retorna à casa onde cresceu para acompanhar a mãe doente até a sua morte.

Princípios matemáticos da filosofia natural

A aparição de um cometa nos céus de Londres, em 1681, talvez tenha inspirado Newton. Ele mais uma vez voltou suas atenções para os fenômenos naturais desde os anos em Woolsthorpe. Nada tinha sido publicado ainda e as ideias fervilhavam e se conectavam. Newton começou definindo e nomeando quantidades físicas antes privadas de conceitos formais: massa, peso, força etc. Ele já sabia que os corpos eram atraídos pelo que ele designou de força, e que ela variava inversamente ao quadrado da distância entre os corpos. Newton também utilizou o conceito de força centrípeta: força dirigida para o centro. Anos de trabalho eram agora coletados, organizados e conectados no que se tornaria um dos livros mais importantes da história.

A primeira lei descreve o princípio da inércia. Se nenhuma força é aplicada a um corpo ele se mantém em movimento retilíneo a uma velocidade constante. Se estiver em repouso (velocidade igual a zero), ele permanece em repouso. A Lua, por exemplo, se moveria à velocidade constante em uma linha reta, tangente à sua órbita ao redor da Terra, caso a força centrípeta apontando para o centro subitamente cessasse.

A segunda lei define como a força aplicada a um corpo muda sua velocidade, e consequentemente seu estado de movimento. Mudar a velocidade significa mudar a magnitude da velocidade (se o objeto se movimenta mais devagar ou mais rápido), a direção do movimento ou ambos. Todo o aparato de tangentes e quadraturas desenvolvido anos antes serviram de base matemática para a teoria sobre o movimento dos corpos.

A terceira lei do movimento pode ser definida de forma simples: se um objeto A exerce uma força no objeto B, então o objeto B exerce uma força de mesma intensidade e direção no objeto A, porém com sentido oposto. A edificação das leis do movimento dos corpos estava completa. Três livros derivaram desses conceitos básicos: dois sobre o movimento dos corpos e um sobre o sistema do mundo. Neles, Newton discute o movimento dos corpos sob a ação de uma força centrípeta, culminando na aplicação dessas leis físicas do movimento ao problema de atração gravitacional entre os corpos. A teoria da gravitação universal explica não só as órbitas dos planetas do nosso Sistema Solar, mas também a influência do Sol e da Lua no sobe e desce das marés. Toda partícula no Universo atrai qualquer outra partícula com uma força proporcional às massas e inversamente proporcional ao quadrado da distância entre elas. Diante da conclusão de que a gravitação é universal, o movimento dos cometas foi descrito por órbitas alongadas em torno do Sol; desenhando elipses, parábolas ou hipérboles.

Philosophiae Naturalis Principia Mathematica foi publicado após a aprovação dos membros da Royal Society sob os cuidados do jovem astrônomo Edmond Halley. Em julho de 1687, sessenta cópias do livro foram enviadas de Londres a Cambridge. O livro não contém uma linguagem fácil e a forma geométrica na qual Newton introduz os conceitos do cálculo diferencial e integral dificultam sua leitura ainda hoje. Inclusive, na época, o livro ficou famoso pela sua complexidade e a inabilidade das pessoas em compreendê-lo.

Figura 6.3: Retrato de Isaac Newton.
Fonte: Retrato de 1689, feito por Godfrey Kneller.

A vida pública

Após a publicação de *Principia,* Newton se envolveu em diferentes facetas da vida pública. Em 1696, colhendo os frutos do seu trabalho, ele abandona Cambridge e se muda para Londres, onde manteria uma vida luxuosa. O sucesso de suas teorias lhe rendeu fama e prestígio. Com a morte de Hooke, não havia mais empecilhos e disputas. Newton assumiu a presidência da Royal Society em 1703. Antes disso, ele já tinha se tornado membro do parlamento e mestre da Casa da Moeda. Em 1705, foi o primeiro cientista nomeado cavaleiro da Coroa.

Em meio a uma vida solitária, Newton contribuiu de forma sem precedentes para o avanço científico e para a maneira de pensar no mundo físico. Sua personalidade excêntrica lhe permitiu muitas vezes se isolar do mundo ao redor e se dedicar exclusivamente aos problemas que povoavam sua mente inquieta. Em vários momentos sua sanidade mental foi questionada por pessoas próximas (poucas), mas o gênio de Newton prevaleceu. Já com idade avançada, ele morre em 1727.

PARTE 2

A SEGUNDA GRANDE REVOLUÇÃO

CAPÍTULO 7

O que é a luz?

Antes de continuar desvendando o mistério do cosmos, vamos introduzir brevemente o estudo do eletromagnetismo na história, pois é de suma importância para as descobertas que se seguem.

O estudo da eletricidade é antigo e data de 600 a.C. O filósofo grego Tales de Mileto observou que após esfregar o âmbar (resina fóssil) em pele de carneiro, pedaços de madeira eram atraídos pelo âmbar. O termo eletricidade surge exatamente da palavra âmbar, que em grego chama-se *elektron*. Também na Grécia antiga, na região conhecida como Magnésia, observou-se pedras que eram capazes de atrair materiais como o ferro. Essa pedra é hoje conhecida como magnetita, um ímã natural.

No século I, a bússola, objeto no qual uma agulha magnetizada é atraída para o polo magnético da Terra (mais tarde descobre-se que a Terra é de fato um ímã gigante, como a magnetita), já aparecia em sua forma rudimentar na China e foi aperfeiçoada para a navegação na época dos Descobrimentos. Nesse período, já se percebia que as bússolas sofriam perturbações durante grandes tempestades, mas uma relação entre o magnetismo da bússola e a descarga elétrica dos raios só foi descoberta muito tempo depois.

No século XVII, muitos estudos sobre eletrização por atrito (como no caso da descoberta de Tales de Mileto) estavam sendo desenvolvidos. Em meados do século XVIII, existiam duas teorias vigentes. Ambas as teorias consideravam a eletricidade como um fluido. Na primeira teoria, de Charles-François de Dufay, existiam dois fluidos, o vítreo e o resinoso.

> "Nós percebemos que existem dois tipos de eletricidade totalmente diferentes de natureza e nome; aquela dos sólidos transparentes como o vidro, o cristal etc. e aquelas betuminosas ou de corpos resinosos, tais como o âmbar, o copal, a cera de lacre etc. Cada uma repele corpos que adquiriram a eletricidade de sua mesma natureza e atrai aquelas de natureza contrária. Nós pudemos perceber que mesmo os corpos que não são elétricos podem adquirir alguma destas eletricidades e passam a agir como os corpos que as cederam."[14]
>
> **Charles-François de Dufay**

A outra teoria, de Benjamin Franklin, considera a eletricidade como somente um fluido. Para Franklin, a eletrização de um objeto se daria quando um corpo, depois de esfregado a outro (atrito), acumulasse o fluido elétrico devido à perda da mesma quantidade de fluido elétrico no outro corpo (pense outra vez no exemplo descoberto por Tales de Mileto). O fluido elétrico foi deslocado de um corpo para o outro, sem perdas, ou seja, foi conservado. O corpo que ganhava fluido era considerado positivamente carregado enquanto aquele que perdia era considerado negativamente carregado. Franklin também contribuiu para os estudos sobre a natureza elétrica dos raios e inventou o para-raios.

Em 1785, o físico francês Charles Augustin de Coulomb descreveu a interação entre objetos eletricamente carregados. Através de várias experiências, ele mostrou que a força de atração e repulsão entre dois corpos eletrizados é inversamente proporcional ao quadrado da distância que os separa, assim como a já conhecida lei da atração universal de Newton!

Uma famosa experiência foi reportada pelo médico italiano Luigi Galvani. Ele notou que quando rãs mortas eram colocadas entre dois metais diferentes os músculos da perna da rã se contraíam. Ele atribuiu esse efeito a uma "eletricidade animal", presente em certos tecidos orgânicos. Outro médico italiano, Alessandro Volta, intrigado pelos resultados de Galvani, repetiu o experimento, obtendo os mesmos resultados. Volta propôs que a eletricidade era gerada devido ao contato da perna da rã com dois tipos diferentes de metal. Para provar sua hipótese, ele construiu a primeira pilha elétrica, chamada pilha voltaica. Ela foi construída no ano de 1800 e consistia em uma série de discos alternados de cobre e zinco separados por pedaços de papelão embebidos em água salgada. Hoje sabe-se que ambos os fenômenos acontecem, tanto a eletricidade bimetálica como a eletricidade animal.

No início do século XIX, os físicos se dividiam entre essas duas teorias sobre a eletricidade e ainda não conheciam a relação entre eletricidade e magnetismo, apesar da consciência de que essa relação existia. Nessa época, Christian Ørsted pesquisava avidamente sobre correntes elétricas quando finalmente, em 1820, descobriu que uma corrente elétrica em um fio é capaz de mover a agulha magnética de uma bússola. Surgia o eletromagnetismo.

Impulsionado pelas descobertas de Ørsted, Michael Faraday, após anos de investigação e experimentos sem resultados satisfatórios, finalmente observa, em 1831, que o movimento de um ímã gera corrente elétrica em um fio condutor.

> "Depois, um ímã cilíndrico de 3/4 de polegadas de diâmetro e 8 1/2 polegadas de comprimento teve uma extremidade inserida dentro da hélice – depois foi rapidamente empurrada em todo seu comprimento, e a agulha do galvanômetro moveu-se – depois, foi empurrada para fora e novamente a agulha se moveu,

mas em direção oposta. Este efeito se repetiu todas as vezes que o ímã era colocado dentro ou retirado e, portanto, uma onda de eletricidade foi assim produzida pela mera aproximação de um ímã e não por sua formação *in situ*."[15]

Michael Faraday

Esse experimento foi realizado movimentando uma barra magnética dentro de uma bobina e medindo a corrente gerada no fio condutor através do galvanômetro, instrumento utilizado para medir correntes elétricas (Figura 7.1). Esse fenômeno (chamado de lei da indução de Faraday), oposto ao mostrado por Ørsted, comprovava, então, a relação entre eletricidade e magnetismo. Eletricidade gera magnetismo e magnetismo gera eletricidade.

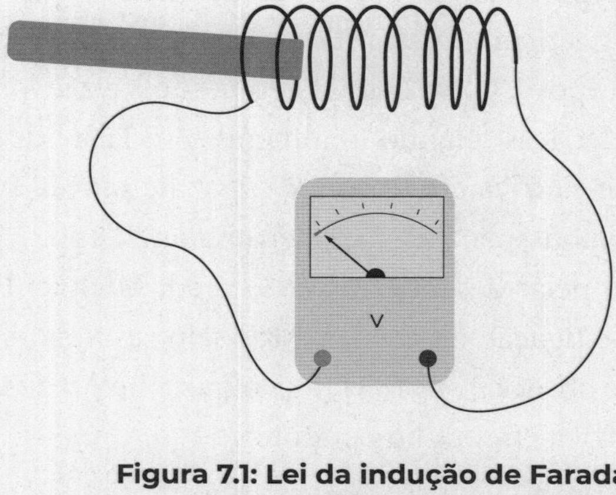

Figura 7.1: Lei da indução de Faraday.
Ilustração do experimento que mostrou que um ímã pode gerar corrente elétrica.

Em 1873, o físico escocês James Clerck Maxwell publica um tratado sobre eletricidade e magnetismo com tudo o que se conhecia na época a respeito do assunto. Ele apresenta as equações matemáticas que mostram como um campo elétrico modifica um campo magnético e vice-versa. A partir daí passou-se a entender a luz como uma onda eletromagnética. Acreditava-se que toda onda deveria se propagar em um meio material, por exemplo, ondas no mar ou ondas na corda. Ou seja, as ondas eletromagnéticas se propagariam no espaço através de uma suposta substância, chamada de éter. Albert Einstein nasce exatamente no ano da morte de Maxwell.

Estrutura da matéria

Mas, atualmente, o que entendemos por uma onda eletromagnética?

Para responder a essa pergunta, temos que começar pela descoberta do elétron. Sabia-se, desde a metade do século XIX, que uma fluorescência, chamada de raios catódicos, aparecia quando duas placas metálicas que possuíam uma diferença de potencial elétrico entre si (o que significa que as duas placas não estão carregadas da mesma forma; por exemplo, uma placa estava negativamente carregada enquanto a outra estava positivamente carregada) eram colocadas dentro de um tubo fechado preenchido por um gás rarefeito. Veja o exemplo na Figura 7.2.

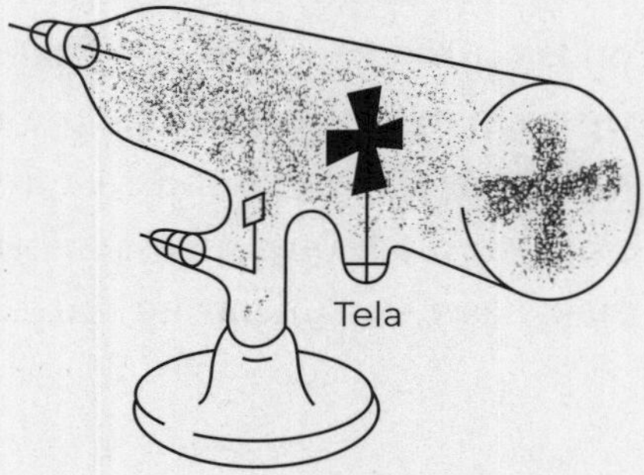

Figura 7.2: Tubo de raios catódicos.
Ilustração do experimento que mostrou que um ímã pode gerar corrente elétrica.

Mas o que estaria causando essa fluorescência esverdeada? Não se sabia o que exatamente eram os raios catódicos.

Essa pergunta foi respondida em 1897, quando o cientista britânico Sir Joseph John Thomson publicou os resultados derivados de uma série de experimentos com os tubos catódicos. Thomson aplicou campos elétricos e magnéticos nos raios e verificou que isso alterava suas trajetórias.

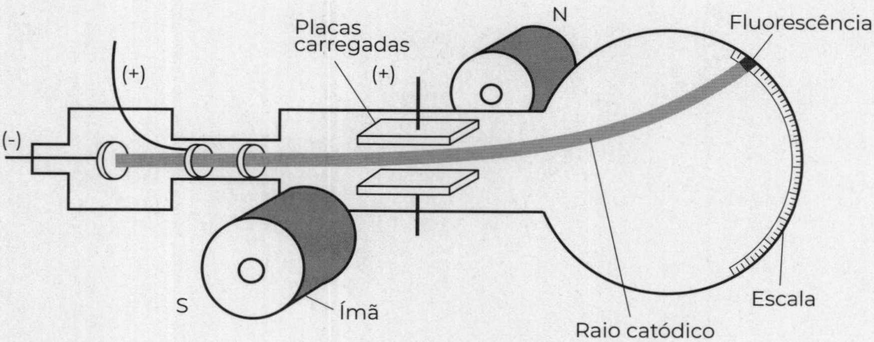

Figura 7.3: Experimento de J. J. Thomson. Descoberta do elétron.

"Como os raios catódicos carregam uma carga negativa são defletidos por forças eletrostáticas, como se estivessem eletrizados negativamente, e são afetados por um campo magnético exatamente da mesma maneira; como corpos eletrizados em movimento ao longo do trajeto desses raios, eu não vejo alternativa, senão concluir que eles são cargas de eletricidade negativa carregadas por partículas de matéria".[16]

J. J. Thomson

Thomson também calculou a razão entre a massa e a carga das partículas no feixe, ou seja, ele concluiu que os raios catódicos eram formados por partículas carregadas negativamente. Essas partículas são hoje conhecidas como elétrons, subdivisões dos átomos. No modelo atômico sugerido por Thomson, os átomos eram esferas compostas por elétrons imersos em uma substância carregada positivamente.

Figura 7.4: Modelo do átomo de Thomson.

Outro experimento, também utilizando um tubo de raios catódicos, detectou um feixe de luz no sentido oposto ao dos elétrons. Em 1886, Elgen Goldstein propôs a existência de cargas positivas no sistema.

Porém, o modelo de Thomson para o átomo foi posto à prova pelo experimento proposto pelo cientista neozelandês Ernest Rutherford e realizado pelos seus estudantes Johannes Geiger e Ernest Marsden. A experiência, conhecida como Geiger-Marsden, consistia em bombardear uma folha de ouro muito fina com radiação alfa, composta por partículas massivas com carga positiva, e medir o desvio dessas partículas alfa. O resultado foi surpreendente e descartou o modelo de Thomson para o átomo. Algumas poucas partículas alfa não atravessavam a folha de ouro, mas eram defletidas. Qual é a explicação?

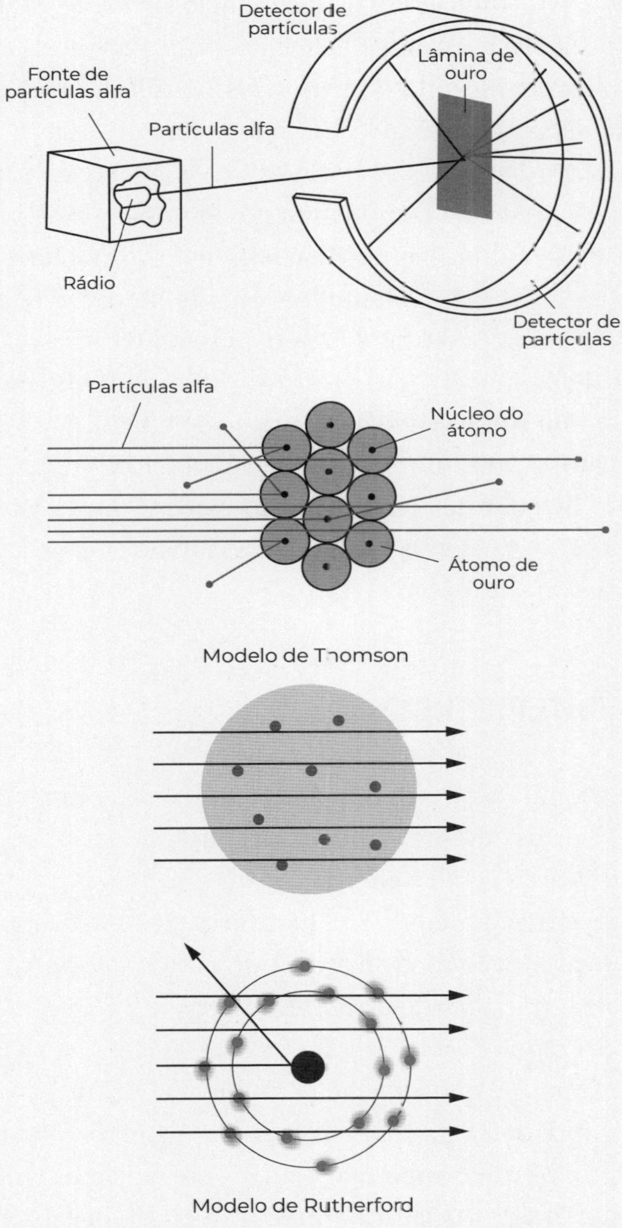

Figura 7.5: Experimento Geiger-Marsden. Descoberta do próton.

Em 1911, Rutherford propôs seu modelo para o átomo, sendo composto por um núcleo muito pequeno e positivamente carregado, responsável por quase toda sua massa. Os elétrons formavam uma nuvem em volta do núcleo. O próton foi então descoberto. Além disso, Rutherford sugeriu a existência de uma terceira partícula eletricamente neutra na composição dos átomos.

Coube ao seu aluno James Chadwik detectar o nêutron pela primeira vez em 1932. Coletando todas as medidas feitas por Rutherford e seus alunos, também era possível ter uma visão das dimensões do átomo. A título de comparação, pense no tamanho médio do átomo como sendo o do estádio de futebol São Januário (não só o campo, mas todo o estádio), ocupado completamente pela nuvem de elétrons. No centro do campo, uma bolinha de tênis de mesa representa o núcleo, onde a maior parte da massa do átomo se concentra.

Ondas eletromagnéticas

Para entendermos o que de fato é uma onda eletromagnética, a primeira coisa que devemos saber é que o próton exerce uma força invisível de atração sobre o elétron (a força descrita por Coulomb para corpos eletrizados em 1785). Essa força diminui de intensidade quanto mais longe o elétron estiver do próton. De outro modo, podemos dizer que a partícula carregada cria um campo de força no espaço ao redor dela, chamado de campo elétrico. O campo elétrico nada mais é que a região de influência de uma partícula carregada sobre outra partícula carregada qualquer. Da mesma forma, definimos um campo magnético associado a um ímã.

Uma maneira de visualizar a interação entre duas partículas carregadas é através de linhas de campo (ver Figura 7.6) introduzidas por Faraday. A partir dessa ideia, foi desenvolvido o conceito de campo elétrico e magnético, representados na figura por $\vec{E}$ e $\vec{B}$, respectivamente.

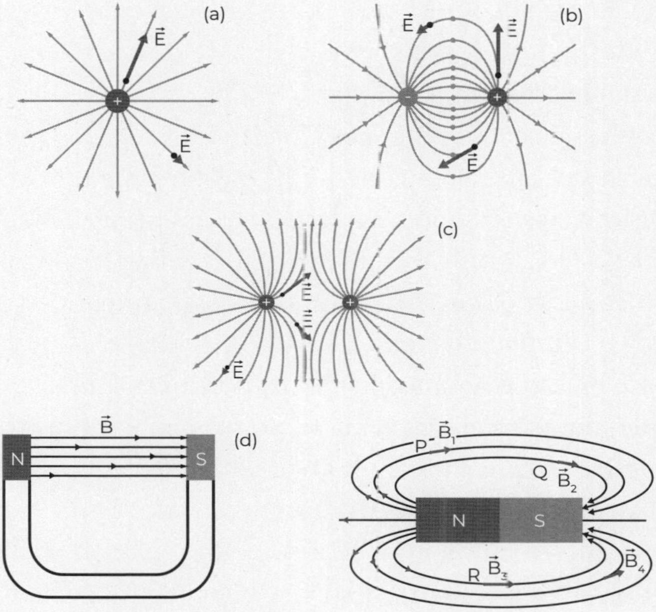

Figura 7.6: Linhas de campo elétrico e magnético.

(a) Linha de campo elétrico para uma carga positiva. (b) Sobreposição das linhas de campo elétrico para uma carga positiva e uma negativa de igual intensidade (dipolo elétrico). (c) Linhas de campo elétrico para duas cargas iguais positivas. (d) Linhas de campo magnético para um tipo de ímã. (e) Linhas de campo magnético em torno de uma barra magnética.

Com esses conceitos em mente, imagine agora uma partícula carregada oscilando. Sabendo que um campo elétrico é associado a essa partícula, ele também irá variar no tempo. Se o campo elétrico oscila, ele irá gerar um campo magnético oscilante (lei de indução de Faraday), e assim continuamente. Acabamos de gerar um campo eletromagnético que varia no tempo. Essas oscilações que se propagam através do espaço (éter?) com uma velocidade de aproximadamente 3×10^8 metros por segundo (velocidade da luz, normalmente representada pela letra *c*) são chamadas de ondas eletromagnéticas.

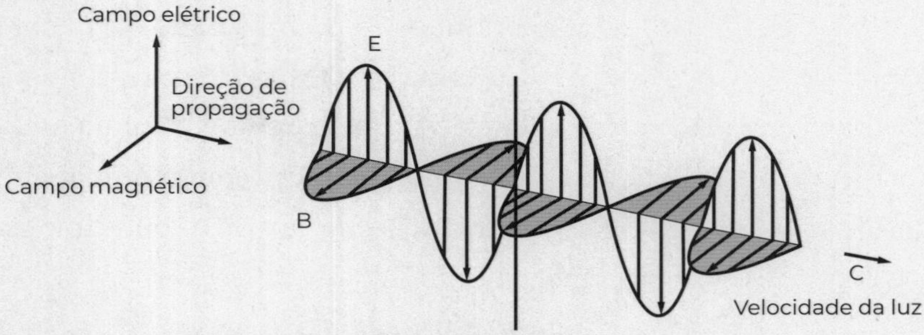

Figura 7.7: Onda eletromagnética.

A luz visível é uma forma de onda eletromagnética. Existem, contudo, várias formas de onda eletromagnética, muitas das quais, invisíveis aos olhos humanos. O que diferencia uma onda eletromagnética da outra? Para esclarecer esse fato, vamos pensar em um tipo diferente (e mais fácil de visualizar) de onda: uma onda mecânica em uma corda, como consta na Figura 7.8.

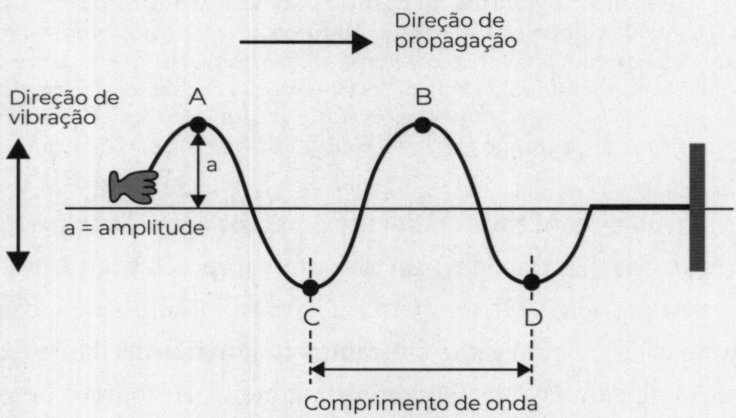

Figura 7.8: Onda em uma corda.

Para produzir essa onda, imagine que você tenha pegado um pedaço grande de barbante e amarrado uma das pontas em uma cadeira. Afastado da cadeira, você segura a outra extremidade do barbante e faz movimentos contínuos com a mão para cima e para baixo. Você acaba de gerar uma onda com um certo comprimento de onda, distância mínima entre valores repetidos de uma onda formando um padrão temporal. Agora oscile sua mão de maneira mais rápida que anteriormente. O que acontece com o comprimento de onda? Isso mesmo, ele diminui!

Da mesma forma, as ondas eletromagnéticas possuem diversos comprimentos de onda (ou frequências, que é o inverso do comprimento de onda). A luz visível representa uma pequena parte do espectro eletromagnético.

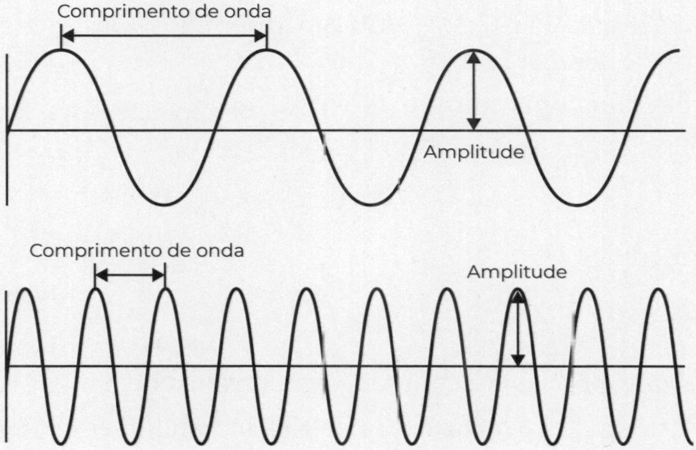

Figura 7.9: Exemplo de diferentes comprimentos de onda.

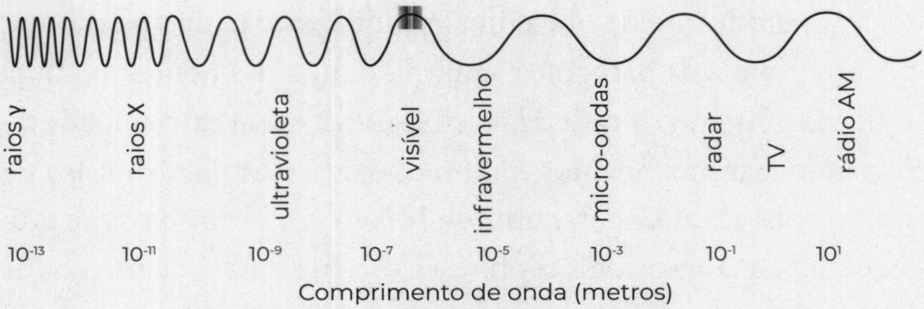

Figura 7.10: Espectro eletromagnético.

Durante o século XIX, a física clássica desenvolvida até então gozava de um sucesso extraordinário. O que mais poderia ser feito? Restava aos cientistas aplicar os conceitos desenvolvidos e medir de maneira cada vez mais precisa as constantes da natureza (constante da gravitação universal, velocidade da luz etc.)? Uma célebre afirmação que teria sido dita por lorde Kelvin à Associação Britânica para o Avanço da Ciência, em 1900, resumia esse sentimento.

> "Não há nada de novo a ser
> descoberto na física atualmente.
> Só o que resta é medição
> cada vez mais precisa."[17]
>
> **Kelvin**

Alguns problemas, contudo, começavam a rachar os alicerces da física clássica e a afirmação de Kelvin não poderia estar mais errada. Dentre algumas perguntas que não saíam da cabeça dos físicos da época, posso citar duas de fundamental importância:

1. Por que o éter ainda não tinha sido detectado?
2. Como explicar a mudança de cor e de intensidade do brilho emitido por um metal conforme ele é aquecido?

Não demoraria para que ideias ousadas começassem a surgir. O início do século XX transformou-se em um dos momentos mais ricos da história da física. O nascimento da mecânica quântica (física do muito pequeno) e da teoria da relatividade (física do muito veloz) eram iminentes.

CAPÍTULO 8

A genialidade de Albert Einstein

O século XIX foi marcado pelo crescimento das cidades e o avanço industrial. A ciência e a tecnologia passaram a moldar o estilo de vida das pessoas, proporcionando um controle inédito sobre o meio ambiente, como a descoberta da eletricidade. Outro fator importante da época foi a liberdade de opinião e debate, que gerou muitas vezes interpretações duvidosas com consequências desastrosas. Um dos mais importantes trabalhos científicos do século XIX, *A origem das espécies*, de Charles Darwin, trata da seleção natural dos animais aptos a sobreviverem na natureza. O livro, publicado em 1859, abriu espaço para novas formas de pensar, mas também gerou ideias equivocadas, vagamente relacionadas aos conceitos defendidos por Darwin. Alguns escritores começaram a reivindicar a superioridade inata da "raça" branca, pois acreditavam que as diferenças não se resumiam às características físicas e culturais, mas também a capacidade de uma "raça".

Esses conceitos pseudo-darwinianos começaram a se espalhar perigosamente. Os judeus, que foram perseguidos durante toda a Idade Média, gozavam então de uma certa tranquilidade, sem sofrer injustiças civis ou sociais na Europa ocidental. O antissemitismo, que embora adormecido ainda permanecia vivo, juntamente com as ideias de superioridade inata da "raça" branca, teria consequências terríveis depois do ano de 1914.

Nesse contexto, nasce Albert Einstein em Ulm, no Reich Alemão, em 14 de março de 1879. Seus pais, Hermann e Pauline, descendiam de famílias comerciantes judias, que migraram das zonas rurais da Alemanha para Ulm. Os pais de Einstein, apesar de serem judeus, não frequentavam a sinagoga, tampouco seguiam as tradições judaicas.

Um ano após o nascimento de Einstein a família decide se mudar para Munique. Hermann e o irmão Jakob abririam uma empresa conjunta de fornecimento de energia elétrica que permitiria uma vida confortável à família.

Ao completar seis anos Albert é matriculado na escola católica Petersschule devido à ausência de escolas judaicas na região. Três anos depois ele é transferido para um colégio no centro de Munique, que além de fornecer um professor para lecionar religião para os judeus matriculados, ainda dava ênfase ao estudo da matemática e de ciências.

Em 1894, após vários anos de sucesso, a empresa dos irmãos Einstein declara falência. A família se muda mais uma vez e se estabelece em Pávia, na Itália, na tentativa de recomeçar os negócios. Com quinze anos, Einstein é o único a permanecer na Alemanha para terminar seus estudos. No recesso de Natal daquele ano, porém, ele abandona a escola, embarca em um trem e viaja para a Itália. A decisão de Einstein de deixar seu país também foi influenciada por sua aversão, demonstrada desde cedo, às autoridades e à disciplina militar imposta na vida dos alemães. Além de comunicar aos pais que não voltaria mais a Munique, ele renunciaria à cidadania alemã. Em janeiro de 1896, ele se torna oficialmente apátrida e sem vinculação religiosa.

O plano de Einstein era estudar sozinho até passar nos exames de admissão da Escola Politécnica de Zurique. As coisas não acontecem como o esperado e, em outubro de 1895, Einstein é reprovado na prova geral, apesar de ter conseguido a aprovação em matemática e ciências. Aconselhado pelo diretor da Escola Politécnica, Einstein se matricula em uma escola preparatória na vila de Aarau, a quarenta quilômetros de Zurique.

Einstein encerrou o ano em Aarau com louvor, o que possibilitou sua segunda tentativa de aprovação nos exames da Politécnica. Em outubro de 1896, Einstein se matriculou na Politécnica de Zurique no departamento que formava professores de matemática e física. A física teórica crescia com toda força no final do século XIX. Einstein estudava e era influenciado por físicos teóricos, como Max Planck, Ludwig Boltzmann e Henri Poincaré. Esse último teve influência marcante nos conceitos desenvolvidos por Einstein na teoria da relatividade especial anos mais tarde.

Durante os anos na Escola Politécnica, Einstein se apaixona pela sérvia Mileva Maric, única mulher da turma. Dentre os amigos que fez nessa época se destaca Marcel Grossman. Amizade que duraria por toda a vida.

Para se formar, Einstein deveria apresentar um tema de pesquisa para sua monografia. A primeira ideia foi propor um experimento para detectar o éter: ele queria medir a velocidade com que a Terra se movia em relação a essa substância. Para fazer uma analogia, imagine um dia quente sem nenhuma brisa. Quando está dirigindo um carro, você sabe que está em movimento com relação ao ar devido ao vento que sente ao colocar a cabeça para fora da janela. Da mesma forma, esperava-se encontrar um "vento de éter". A ideia fundamental era: como a luz se movia a velocidade constante através do éter, e a Terra se movia com relação ao éter, o "vento" seria detectado pela variação na velocidade da luz observada quando a terra se aproximava ou se afastava da fonte.

Essa primeira proposta foi rejeitada, pois vários experimentos já haviam sido testados, inclusive o famoso experimento de Michelson-Morley, e nenhum deles detectou evidências para a existência do éter. Einstein, em seguida, propôs estudar a ligação entre a capacidade dos diferentes materiais de conduzirem calor e eletricidade, que também foi parcialmente rejeitada. Tanto Einstein como Mileva fizeram a tese final somente em condução de calor. Em julho de 1900, Einstein se formou na faculdade, mas Mileva não obteve nota suficiente e não recebeu o diploma. Ela tentaria outra vez no ano seguinte.

O desemprego

> "Uma carreira acadêmica em que a pessoa é forçada a produzir textos científicos em grande quantidade gera o risco da superficialidade intelectual."[18]
>
> **Albert Einstein**

Em agosto de 1900, o recém-formado Einstein tenta uma vaga de professor assistente na Politécnica. Ele acabou não sendo escolhido por nenhum de seus ex-professores e tornou-se o único entre seus colegas de turma a não receber uma oferta de emprego.

Enquanto dava aulas particulares de matemática, Einstein escreve seu primeiro artigo. O artigo não teve muita relevância científica, mas proporcionou a Einstein uma obra publicada, que o ajudaria na busca por uma posição estável no meio acadêmico. Apesar de desempregado, em 1901, Einstein se torna cidadão suíço. Ele passou grande parte do ano de 1901 trabalhando como professor particular ou substituto. A essa altura, já tinha enviado pedido de emprego para quase todos os professores da Europa e a maioria sequer chegou a respondê-lo.

Um já desesperançado Einstein recebe finalmente uma boa notícia de seu amigo Marcel Grossmann. Uma vaga seria aberta no Escritório de Patentes Suíço e o pai de Grossmann conhecia o diretor. Nesse meio-tempo, Mileva engravida de Einstein durante uma viagem romântica em maio de 1901. Talvez devido à gravidez, ela é mais uma vez reprovada no exame final da Politécnica e abandona de vez o sonho da carreira acadêmica.

O anúncio oficial da vaga no Escritório de patentes saiu em dezembro de 1901. No final de janeiro de 1902, Einstein se mudava para Berna na expectativa do emprego, enquanto em Novi Sad, no norte da Sérvia, Mileva, hospedada na casa dos pais, dava à luz a uma menina. Não existe nenhuma evidência de que Einstein tenha algum dia mencionado a existência dessa criança para sua família. Ele tampouco reconheceu publicamente que teve uma filha ilegítima. Ao que tudo indica, ele sequer conheceu a filha. Pouco se sabe sobre o paradeiro dessa criança. Ela foi mencionada em algumas cartas trocadas entre Mileva e Einstein durante a gravidez, mas quase nenhum registro posterior foi encontrado sobre a menina. Tudo parece ter sido apagado e mantido sob total sigilo pela família de Mileva. Não se sabe se a menina morreu ainda criança ou se foi adotada.

Em 16 de junho de 1902, Einstein é finalmente contratado pelo Escritório de Patentes, onde passa a exercer a função de Técnico de Classe 3 do Escritório Federal de Propriedade Intelectual. Einstein analisava os pedidos rapidamente e dedicava o resto do tempo à física, desafiando as ideias estabelecidas e desenvolvendo conceitos revolucionários.

Poucos meses após a morte do pai, Einstein se casa com Mileva em 6 de janeiro de 1903 sem a presença de nenhum membro das famílias. A mãe de Einstein já havia declarado sua contrariedade ao relacionamento dos dois. Ela, assim como Hermann Einstein, não achava que Mileva seria uma boa esposa, pois ela era mais velha que Einstein, feia, estava sempre doente e mancava. Além disso, não era tão inteligente, apesar de estudiosa. Em 14 de maio de 1904, nasce Hans Albert Einstein, o primeiro filho reconhecido do casal.

Figura 8.1: Einstein e Mileva. Foto tirada em 1905.

CAPÍTULO 9

Nasce a mecânica quântica

O que acontece quando esquentamos um metal a altas temperaturas? Para responder a essa pergunta, pegue, por exemplo, um garfo de metal e leve-o à chama do fogão da sua cozinha. Se o garfo não tiver o cabo de plástico, segure-o com um alicate para não queimar a mão! Primeiro, quando a temperatura ainda está baixa, a radiação emitida não será visível. À medida que a temperatura aumenta os efeitos tornam-se visíveis. Primeiro o garfo adquire uma cor vermelho-escuro, depois vermelho brilhante e, a temperaturas altíssimas, branco-azulado. A cor do metal, assim como a intensidade da luz emitida, muda à medida que a temperatura aumenta.

O metal, portanto, emite radiação eletromagnética em todos os comprimentos de onda (espectro contínuo) devido à sua temperatura, fenômeno chamado de radiação térmica. O mesmo efeito acontece no filamento de lâmpadas incandescentes. Para estudar esse fenômeno, em 1859, o físico alemão Gustav Kirchhoff idealizou um objeto capaz de absorver toda radiação incidente sobre ele e somente emitir radiação devido à sua temperatura. Contudo, à temperatura ambiente, a radiação emitida por esse objeto não será visível. Por essa razão, ele é conhecido como corpo negro.

Figura 9.1: Exemplo de um corpo emitindo radiação térmica.
Fonte: acervo da autora.

Experimentos foram desenvolvidos por Kirchhoff e outros com o intuito de estudar a radiação emitida pelo corpo negro. A experiência consistia em um forno metálico aberto somente por um pequeno orifício pelo qual a radiação pudesse escapar, um corpo negro quase ideal. O forno esquentava até uma temperatura fixa e a intensidade emitida através do orifício era medida para cada comprimento de onda. A experiência foi repetida para diferentes temperaturas. Observou-se que independentemente do material e do formato do forno, os resultados eram os mesmos. A intensidade medida para cada comprimento de onda dependia exclusivamente da temperatura na qual o forno estava.

Um dos grandes problemas que surgiu foi conseguir encontrar uma expressão matemática que descrevesse os gráficos de emissão de um corpo negro.

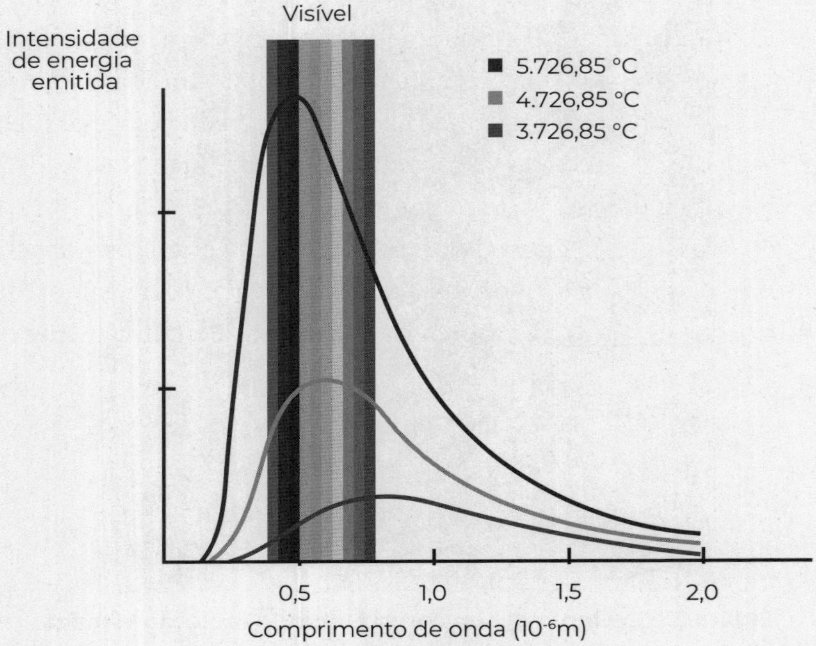

Figura 9.2: Espectro de corpo negro.

As teorias baseadas em métodos clássicos conseguiam explicar matematicamente de forma separada a radiação de corpo negro para pequenos comprimentos de onda ou para grandes comprimentos de onda, mas não para ambos ao mesmo tempo.

Com a morte de Kirchhoff, o também físico alemão, Max Planck assume sua cátedra na Universidade de Berlim. Em 1900, Planck consegue descrever a equação para a curva de corpo negro. Para realizar essa façanha, ele assume que os átomos não emitem radiação de maneira contínua, mas sim em pequenos pacotes de energia, cujo valor depende do comprimento de onda da radiação emitida. Esses pacotes de energia são múltiplos da constante de Planck, um valor fundamental na natureza. Não é possível notar as consequências desse efeito no nosso dia a dia, que não nos parece nem um pouco intuitivo, devido ao diminuto valor da constante de Planck. Por esse mesmo motivo, o fato de a energia não apresentar um intervalo contínuo de valores, mas sim valores fixos determinados por essa constante fundamental, atordoava Planck. Ele, como já vimos outras vezes na história, acredita que essa ideia radical não se aplica de fato à natureza da luz. Planck considera seus resultados como puramente matemáticos.

Não muito longe dali, as ideias de Planck tiveram um impacto positivo no recém-formado Albert Einstein. Ele percebeu rapidamente que as novas ideias poderiam danificar definitivamente os alicerces da física clássica.

CAPÍTULO 10

O ano miraculoso

"[...] Prometo-lhe quatro artigos em troca. O primeiro trata da radiação e das propriedades energéticas da luz, e é muito revolucionário, como verá se mandar seu trabalho primeiro. O segundo artigo é uma determinação do verdadeiro tamanho dos átomos [...] O terceiro prova que os corpos de uma ordem de magnitude de 1/1.000 mm, suspensos em líquidos, devem realizar uma movimentação aleatória observável, produzida pelo movimento térmico [...] O quarto artigo não passa de um esboço a esta altura, e é uma eletrodinâmica dos corpos em movimento que emprega uma modificação da teoria do espaço e do tempo."[19]

Desde o ano de 1666, quando Isaac Newton nos presenteou com descobertas formidáveis e revolucionou a ciência, nada, sequer parecido, tinha acontecido até 1905. Entre março e junho daquele ano, Albert Einstein, um físico desconhecido, sem doutorado e que trabalhava em um escritório de patentes, realiza o milagre.

Por motivos de relevância em relação ao debate acerca do entendimento do cosmos (deixarei os dois tópicos mais importantes para as subseções seguintes), vamos começar descrevendo o segundo artigo daquele ano. Em abril de 1905, Einstein finalmente tem sua dissertação aceita para obtenção do doutorado pela Universidade de Zurique. O tema era determinar a dimensão das moléculas por meio de fenômenos físicos observados nos líquidos. A maioria dos estudos anteriores relacionados às moléculas havia sido realizada utilizando gases.

Entre os séculos XVIII e XIX, o cientista italiano Amedeo Avogadro já havia corretamente assertado que volumes iguais de qualquer gás, sob as mesmas condições de pressão e temperatura, possuem o mesmo número de moléculas. Quantas moléculas? Bem, para responder a essa pergunta os químicos utilizam uma quantidade específica de matéria, a qual pode ser pesada. Como átomos e moléculas são microscópicos, pesá-los individualmente seria impossível. Nesse sentido, foi criado o conceito de mol. Fazendo uma analogia com o nosso dia a dia, é equivalente a pedir uma dúzia de certo produto (banana, ovos etc.) no mercado. Assim se pode definir quantas moléculas têm em um mol, assim como quantas bananas estão contidas em uma dúzia. Um mol de moléculas contém $6{,}02 \times 10^{23}$ moléculas, um mol de átomos contém $6{,}02 \times 10^{23}$ átomos, e assim por diante. O valor encontrado por Einstein em sua tese de doutorado usando líquidos em vez de gases foi de $2{,}1 \times 10^{23}$. Esse número diferia do resultado correto em aproximadamente três vezes. Einstein recalculou então a constante de Avogadro, como ficou conhecido esse número, utilizando novos dados e obteve um valor mais próximo do correto: $4{,}15 \times 10^{23}$. Anos mais tarde, um erro foi encontrado nos cálculos por seu assistente e o resultado então chegou ao respeitável valor de $6{,}56 \times 10^{23}$.

O artigo que veio logo em seguida (onze dias depois) explicava o movimento Browniano. Esse efeito foi descoberto em 1828 pelo botânico Robert Brown quando ele notou por meio de um microscópio que grãos de pólen suspensos na água se movimentavam em zigue-zague. Esse movimento intrigava os cientistas desde então, mas uma solução aceitável para o problema estava ainda sendo procurada. Dentre as soluções propostas anteriormente, distinguiam-se aquelas que usavam o movimento aleatório das partículas da água para explicar o movimento dos grãos de pólen (da mesma forma que era utilizado para entender o comportamento dos gases). Contudo, essa explicação era insatisfatória: como moléculas da água poderiam movimentar grãos de pólen 10 mil vezes mais pesados? Einstein resolveu esse quebra-cabeça mostrando, matematicamente, que milhões de colisões aleatórias das moléculas de um líquido podiam sim movimentar as partículas muito mais pesadas que flutuavam em sua superfície. Einstein ainda demonstrou matematicamente qual seria o deslocamento médio das partículas, considerando seu tamanho e a temperatura do líquido. Mais tarde, as previsões foram confirmadas e Einstein alavancou a ideia de que a matéria era divisível, composta por átomos. Essa teoria ainda não era totalmente aceita pelos cientistas da época. Lembre-se de que Rutherford propôs seu modelo para o átomo apenas em 1911.

O primeiro artigo publicado por Einstein, em março de 1905, foi descrito por ele como "muito revolucionário" e realmente revolucionaria a física e nossa maneira de compreender o Universo.

O quanta de luz

Muitos mistérios ainda permeavam a natureza da luz no início do ano de 1905. O significado físico da constante de Planck no cálculo da curva de emissão do corpo negro era desconhecido, até mesmo questionado. Outro fenômeno envolvendo a radiação eletromagnética desafiava a teoria ondulatória da luz exposta brilhantemente por Maxwell. O efeito fotoelétrico despertou a curiosidade de Einstein após o resultado obtido pelo físico alemão Philipp Lenard em seus experimentos discordar dos resultados esperados pela física clássica, amplamente aceita como a base para explicar os fenômenos naturais.

A Figura 10.1 apresenta um esquema simplificado de como os experimentos foram realizados. Uma das placas metálicas é bombardeada por um feixe luz causando a expulsão dos elétrons de sua superfície. Os elétrons ejetados são capturados pela outra placa, carregada positivamente, gerando uma corrente elétrica mensurável. Durante a experiência, Lenard aumentou a intensidade da luz por um fator de 1.000 esperando medir uma corrente maior, pois os elétrons ejetados teriam mais energia e consequentemente se movimentariam com maior velocidade. A expectativa era que, quanto mais intensa a luz, mais energéticos seriam os elétrons ejetados. Os resultados, porém, não foram os esperados.

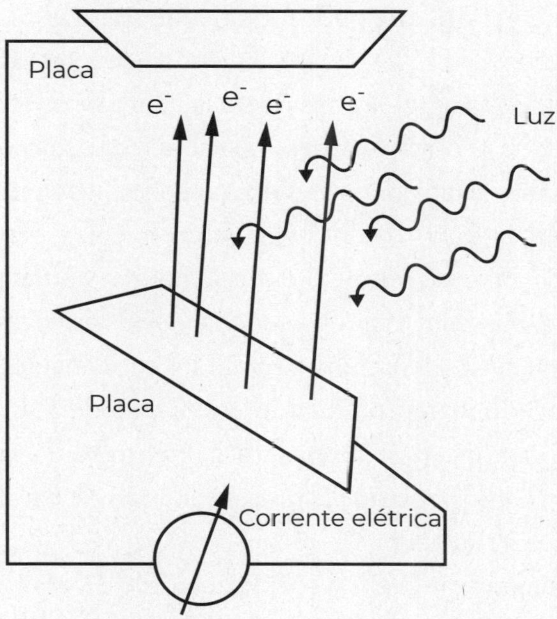

Figura 10.1: Esquema simplificado do efeito fotoelétrico.

Lenard percebeu que abaixo de uma determinada frequência nenhuma corrente era medida, independentemente de quão intensa era a radiação incidente. Com o aumento da frequência da luz, os elétrons ganhavam energia e se moviam mais rapidamente. Ao variar a intensidade da luz, o experimento mostrou que mais elétrons eram "expulsos" da placa; contudo, a energia deles não era alterada. Esses resultados desafiaram a teoria ondulatória da radiação eletromagnética, evidenciando a necessidade de novas ideias.

Nesse contexto, Einstein sugere o inesperado. Ele utiliza o conceito elaborado por Planck para explicar a emissão do corpo negro (de que os átomos emitem em pequenos pacotes de energia) e o aplica à natureza da luz. A luz então é interpretada por Einstein como se de fato fosse formada por pequenas partículas, os *quanta* de luz. Essas partículas de luz, posteriormente nomeadas de fótons, possuem energia proporcional à sua frequência. Dessa maneira, é possível entender por que certas frequências de radiação incidente não causam a ejeção de elétrons da placa metálica no efeito fotoelétrico: os fótons não possuem energia suficiente para remover os elétrons da superfície do metal. Quanto maior a frequência da luz, mais energéticos são os fótons que a compõe. Quanto mais intensa a luz emitida em uma certa frequência, maior o número de fótons, porém todos possuem a mesma energia. Além disso, esses pacotes de luz só podem ser absorvidos ou emitidos em unidades completas.

No título do artigo publicado em março de 1905, Einstein sugere que essa hipótese a respeito da natureza da luz deve ser considerada como heurística, ou seja, de forma especulativa e sem provas de sua veracidade.

Apesar de rejeitar a teoria corpuscular da luz, como a maioria dos físicos que tomaram conhecimento do artigo revolucionário, Robert Millikan verificou experimentalmente como corretas as fórmulas matemáticas derivadas por Einstein para o efeito fotoelétrico.

As ideias de Einstein sobre a radiação mudariam o curso da história e dariam o impulso necessário para a formulação dos conceitos da mecânica quântica. Albert Einstein foi laureado com seu único prêmio Nobel de física, em 1921, por essa descoberta revolucionária.

A pergunta que fica no ar é: o que é a radiação eletromagnética, a luz? Partícula ou onda? Atualmente, considera-se que a luz tem propriedades tanto de onda como de partícula, um conceito conhecido como dualidade onda-partícula.

Relatividade especial

A semente que germinou e deu vida à teoria da relatividade especial apareceu como uma dúvida que atormentou Einstein por anos ainda na adolescência.

> "Se eu perseguir um raio de luz com velocidade c (velocidade da luz no vácuo), eu deveria observar esse raio de luz como um campo eletromagnético em repouso, oscilando somente espacialmente. Nada parece obedecer a essa descrição, nem com base nos experimentos nem de acordo com as leis de Maxwell. Desde o início me parecia intuitivo que, julgando do ponto de vista desse observador, tudo deveria ocorrer de acordo com as mesmas leis que para um observador que em relação à Terra está em repouso. Como o primeiro observador poderia saber ou conseguir determinar que ele estava se movimentando uniformemente a uma grande velocidade? [...]"[20]
>
> **Albert Einstein**

Além disso, outro fenômeno intrigava Einstein. Lembremo-nos da lei de indução de Faraday: o movimento de uma barra magnética dentro de uma bobina gera corrente elétrica no fio condutor.

Agora se movimentarmos a mesma bobina enquanto a barra magnética permanece em repouso, geraremos a mesma quantidade de corrente elétrica. A explicação vigente na época para os dois fenômenos apresentava uma distinção clara: no primeiro caso, o movimento do ímã cria um campo elétrico em sua vizinhança que consequentemente produz uma corrente elétrica no condutor. No segundo caso, o movimento da bobina através do campo magnético produzido pela barra magnética cria corrente elétrica, mas nenhum campo elétrico seria gerado nas vizinhanças do ímã em repouso. Para Einstein, os dois fenômenos eram equivalentes e deveriam ter a mesma explicação física. E foi discutindo essa assimetria que ele começou a discorrer *Sobre a eletrodinâmica dos corpos em movimento.*

A ideia básica da teoria da Relatividade Especial foi formulada por Einstein e apresentada de maneira simples. As leis fundamentais da física são as mesmas para observadores se movendo uniformemente com velocidades constantes, um em relação ao outro, nos chamados referenciais inerciais. Esse conceito é de fácil visualização. Veja bem, você sentado em uma poltrona dentro do avião (em uma viagem tranquila sem turbulência) consegue se servir de uma xícara de café ou mesmo caminhar normalmente, tal como faria em sua sala de jantar. Na realidade é impossível definir quem está em "repouso" e quem está em "movimento". Por exemplo, se enquanto você dormisse (nesse caso você teria que estar sedado) alguém te transportasse para dentro de um avião e partisse para uma viagem. Antes, contudo, o sequestrador reproduz o seu quarto, que não tem janelas, nos mínimos detalhes no interior do avião. Quando você acorda, você tem como se dar conta de que está sobrevoando o Oceano Atlântico e não em terra firme dentro do seu quarto? Não existe nenhum experimento que prove que você está em movimento. Uma pessoa dentro do avião pode se considerar em repouso e que tudo do lado de fora está se afastando dela, da mesma forma que um observador, na sala de embarque, por exemplo, se considera em repouso e o avião em movimento. Não existe uma verdade absoluta e tudo o que podemos afirmar é que os observadores estão em movimento um em relação ao outro. Assim ficou definido o "princípio da relatividade" como primeiro postulado da nova teoria. É importante ressaltar que estamos falando sobre a teoria da relatividade especial, que, como o próprio nome já diz, se aplica somente aos casos especiais nos quais os observadores se encontram em referenciais inerciais. A teoria completa viria anos mais tarde, com a construção da relatividade geral e a adição de referenciais não inerciais, como o avião acelerando antes da decolagem ou um observador em qualquer outro movimento acelerado (um carro freando, movimentos arbitrários de rotação etc.). Imagine tentar servir-se de uma xícara de café enquanto anda de montanha-russa.

O segundo postulado está relacionado à velocidade da luz, conhecida pela letra *c*, e que parecia estar de acordo com as observações feitas até então: ela é constante, independentemente da velocidade do emissor ou da velocidade do observador em relação à fonte (c = 299.792.458 metros por segundo). Contudo, esse postulado trouxe alguns problemas, pois ele estava em desacordo com a lei da adição de velocidades, desenvolvida na teoria clássica. Nos exemplos, troquemos o avião pelo trem, como Einstein costumava fazer em seus experimentos mentais. Lembre-se de que ele trabalhava em um escritório de patentes, perto da estação de trem de Berna. Imagine que um raio de luz é emitido da plataforma de uma estação de trem. Uma pessoa na plataforma mediria a velocidade da luz como sendo *c*. Até aí tudo bem. Agora, estando eu dentro de um trem se afastando da plataforma a uma certa velocidade v deveria medir a velocidade da luz (em relação ao trem) como sendo $c - v$, certo? Você está diante do mesmo dilema de Einstein. Mas qual foi, então, a solução brilhante que ele encontrou? Durante um passeio com seu grande amigo Michele Besso: eureka!

O tempo não é absoluto, como postulado por Isaac Newton. Um evento que parece simultâneo para um observador não o é necessariamente para outro observador. Einstein exemplificou esse conceito utilizando mais uma vez trens em movimento. Supondo que um homem na plataforma vê dois raios atingirem o primeiro e o último vagão de um trem simultaneamente. O trem está em movimento uniforme se afastando da plataforma. Uma passageira no meio do trem verá o raio atingir o primeiro vagão antes de atingir o último. A Figura 10.2 ilustra esse conceito. O trem está se movimentando para oeste com uma certa velocidade, aproximando-se do relâmpago que atingiu o primeiro vagão (raio B) e afastando-se daquele que atingiu o último vagão (raio A). Pelo postulado da velocidade da luz constante, a luz proveniente do raio B atingirá a passageira em um intervalo de tempo menor do que o da luz emitida pelo raio A, pois a distância entre ela e o raio B está diminuindo enquanto sua distância em relação ao raio A está aumentando devido ao movimento do trem.

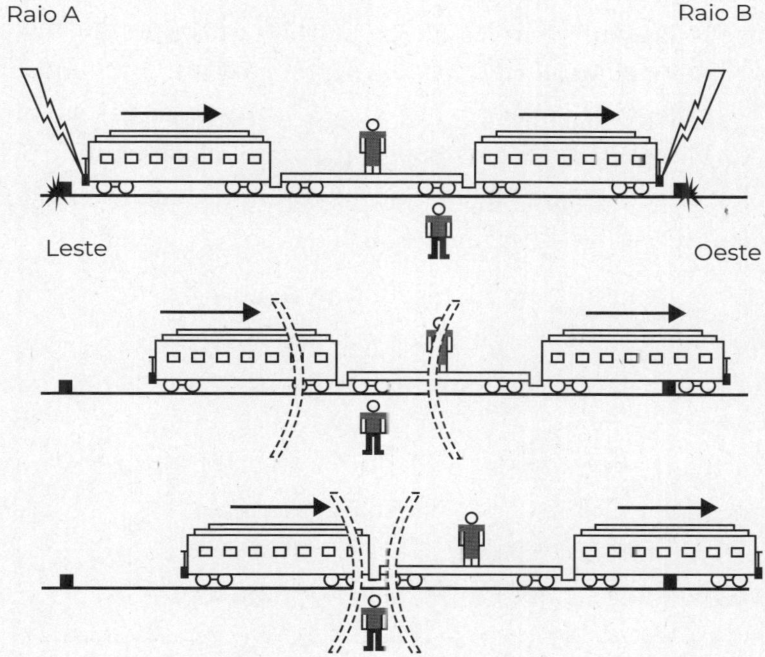

Figura 10.2: Simultaneidade de eventos na relatividade especial.

Mas o que é o tempo? Vamos parar para pensar um pouco. O nosso bom senso provavelmente nos remete sim à ideia postulada por Newton: o tempo flui uniformemente sem relação com qualquer coisa externa, ou seja, é o tique-taque do relógio, a duração de um evento que é independente de acontecimentos ou entes materiais. De acordo com Einstein, esse "tempo real" não existe. E qual é a consequência de o tempo não ser absoluto e sim relativo? O tempo passa diferentemente para referenciais diferentes (lembre-se de que estamos sempre falando do caso especial de referenciais inerciais). O tempo em questão independe do artefato que usamos para medi-lo: do tique-taque de um simples relógio à vida média de uma partícula ou as batidas do coração. Isso mesmo, o tempo biológico transcorre diferentemente para referenciais inerciais diferentes.

Voltemos ao exemplo do trem. Suponha que dentro da cabine onde se encontra um passageiro um pulso de luz viaje continuamente entre dois espelhos situados no teto e no chão da cabine. Enquanto o trem está parado com relação à plataforma, nosso fictício Einstein da Figura 10.3 mede o tempo a partir do estalar emitido pelo espelho do teto quando o pulso de luz o atinge (tique) e quando o pulso de luz atinge o espelho no chão da cabine (taque).

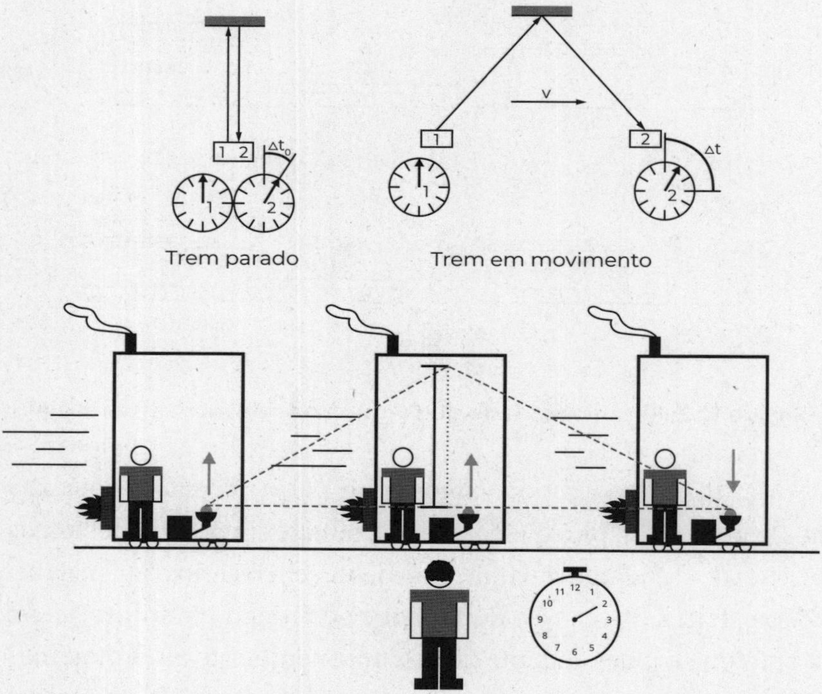

Figura 10.3: Dilatação do tempo na relatividade especial.

Agora o trem está em movimento uniforme com uma velocidade *v* bastante elevada quando passa em frente à plataforma onde Einstein o aguarda para medir mais uma vez o tique-taque do relógio de luz dentro da cabine. O intervalo medido por Einstein para esse tique-taque é maior quando o trem está em movimento.

Mas por que isso acontece? Mais uma vez evocamos o postulado que afirma que a velocidade da luz é constante. Para Einstein na plataforma, o caminho percorrido pela luz é maior quando o trem está em movimento. Ora, mas sabemos que a velocidade da luz é constante. Então, concluímos que um observador na plataforma vê, necessariamente, o tempo passar mais devagar dentro do trem em movimento. Veja, contudo, que esse fenômeno é observado apenas pela pessoa na plataforma. O passageiro na cabine medirá sempre o mesmo intervalo para o tique-taque do relógio, esteja o trem em movimento ou em repouso. A dilatação temporal, como é conhecida, é uma consequência direta da teoria.

Os leitores mais atentos a essa altura já levaram às mãos à cabeça em desespero. Toda essa história de dilatação temporal parece estar em conflito com o princípio da relatividade. Afinal, anteriormente foi dito que seria impossível definir através de um experimento quem está em repouso e quem está se movimentando com velocidade constante. Para o observador na plataforma, o tempo dentro do trem em movimento passa mais devagar do que o seu próprio tempo. Para o passageiro no trem, o observador na plataforma é que se afasta em alta velocidade e, consequentemente, o relógio dele é que bate mais devagar. Como resolver esse aparente paradoxo?

O primeiro passo é entendermos como o tempo é medido. Quando dizemos que o trem chega à estação às 7 horas, quer dizer que dois eventos devem ocorrer simultaneamente: o relógio soar 7 horas e o trem chegar à estação. Com essa ideia em mente, supomos que o passageiro dentro do trem confere as horas no seu relógio quando o trem está passando pela estação, e ele marca, por exemplo, t_1. O relógio do observador na plataforma também marca t_1 nesse mesmo instante. A partir dessa informação não podemos concluir que o tempo flui de maneira igual para os dois observadores. Precisamos comparar os relógios pelo menos mais uma vez. Depois de um certo intervalo de tempo, o passageiro no trem confere seu relógio que marca t_2 e o observador na plataforma vê t_3 no seu. Contudo, como podemos fazer essa comparação se os relógios não estão localizados no mesmo ponto no espaço, mas sim afastados pela distância *d* devido à velocidade relativa entre os observadores e o sinal emitido pelo relógio do passageiro no trem deve alcançar o observador na plataforma e vice-versa? Comparar os dois relógios seria o mesmo que determinar dois eventos simultâneos. Mas como vimos antes, a simultaneidade é relativa! Um evento que é simultâneo para o observador na plataforma não é necessariamente simultâneo para o passageiro no trem. Então, quando o observador na plataforma conclui que o tempo passa mais devagar para o passageiro no trem em movimento, a comparação se baseia no seu próprio conceito de simultaneidade, e o mesmo acontece quando o passageiro no trem mede que o tempo corre mais devagar na estação que está se afastando dele. O importante, nesse caso, é saber que o tempo medido por um mesmo observador é de fato diferente para referenciais inerciais diferentes.

Outro caso bem diferente diz respeito ao paradoxo dos gêmeos, provavelmente o exemplo mais famoso da teoria da relatividade: João permanece no planeta Terra enquanto José, seu irmão gêmeo, viaja a uma velocidade muito alta (próxima à velocidade da luz) até outro planeta e depois retorna a Terra. Ao se reencontrarem, José está mais novo do que João. Repare, porém, que as situações de João e José não são simétricas. Primeiro, José sai do sistema de referência da Terra e depois retorna. Para isso, sua nave deve desacelerar, parar e reacelerar. Observe que, nesse caso, José não é um referencial inercial e ao retornar à Terra estaria mais jovem que seu irmão gêmeo João. Einstein posteriormente ampliou a teoria especial para incluir referenciais acelerados.

Tudo isso te parece estranho o suficiente? Não acabou! Existem outras consequências derivadas da teoria que contrariam nosso bom senso. Uma delas é chamada de contração do espaço. A contração do espaço é uma consequência direta da dilatação do tempo. Vamos raciocinar mais uma vez levando o relógio de luz em consideração, mas ao invés de colocar um espelho no teto e um no chão da cabine do trem, fixaremos os espelhos em paredes opostas, de forma que o pulso de luz viaje paralelamente ao observador na plataforma. A ideia aqui é medir o comprimento dessa cabine. Nesse caso, nós já conhecemos os valores do tique-taque para o trem parado e para o trem viajando a uma velocidade constante altíssima *v*, sempre em relação à plataforma. Havíamos concluído que o tempo passa mais devagar no trem em movimento do que nele parado, quando medido pelo observador na plataforma. Sabemos, portanto, que t_p (parado) > t_m (movimento). Como a velocidade da luz é constante, o observador na plataforma vê o comprimento da cabine diminuir quando o trem está em movimento! Esse fenômeno é chamado de contração do espaço. O que acontecerá então quando o trem atingir a velocidade da luz, *c*? Nesse limite, o tempo para e a cabine desaparece!

Para fechar o ano, Einstein ainda publica um último artigo: "A inércia de um corpo depende de sua energia armazenada?". Ele mostra que energia e massa estão conectadas através da mundialmente famosa equação $E=mc^2$. Ou seja, um corpo massivo contém energia armazenada mesmo que em repouso. Além disso, a energia desse corpo aumenta com a velocidade e, para que isso seja possível, sua massa também deve aumentar com a velocidade, atingindo um valor infinito para a velocidade da luz. Como acelerar então um objeto até a velocidade da luz? Precisaríamos de uma quantidade infinita de energia. Por esse motivo, na teoria da relatividade a velocidade da luz é a maior velocidade possível.

Com a formulação da teoria da relatividade, a existência do éter tornou-se desnecessária, e a luz passou a ser entendida como algo que se propaga no vácuo com velocidade constante, *c*. Mais tarde, o ex-professor de matemática de Einstein na Politécnica de

Zurique, Herman Minkowski, formulou matematicamente a teoria da relatividade, unindo espaço e tempo em um Universo descrito por quatro dimensões (3 espaciais e 1 temporal), o chamado *espaço-tempo*. Assim, um ponto no espaço-tempo é definido por quatro coordenadas. A "distância" entre dois pontos inclui não somente as distâncias espaciais com as quais estamos familiarizados (altura, largura e profundidade), mas também intervalos de tempo. Apesar dos fenômenos de contração do espaço e de dilatação do tempo, as "distâncias" medidas no espaço-tempo são invariantes para movimentos relativos.

Os efeitos dessa brilhante teoria não se aplicam aos fenômenos do nosso dia a dia e por isso nos são tão contraintuitivos. Para baixas velocidades a física newtoniana se aplica perfeitamente. Como, então, validar os resultados da relatividade especial?

Um dos exemplos mais conhecidos recai sobre uma partícula elementar chamada múon, descoberta em 1936. O múon é uma partícula semelhante ao elétron, porém mais pesada, e bombardeia a superfície da Terra a todo momento. Partículas altamente energéticas vindas do espaço, conhecidas como raios cósmicos (formados por prótons em sua maioria), atingem a alta atmosfera terrestre, produzindo outras partículas, entre elas o múon. Entretanto, o múon é extremamente instável e se desintegra em 2 milionésimos de segundo, transformando-se espontaneamente em outras partículas (a vida média dos múons é conhecida através de experimentos em laboratório). Considerando que os múons viajam a uma velocidade bastante próxima à da luz, eles, de acordo com a física clássica, percorreriam menos de 1 quilômetro antes de se desintegrarem. Embora a atmosfera terrestre tenha cerca de quinze quilômetros de extensão, conseguimos detectar essas partículas ao nível do mar. Como é possível que o detectemos ao nível do mar? O múon viaja a 99,8% da velocidade da luz (muito rápido mesmo; lembre-se de que a velocidade da luz é de 300 mil metros por segundo). Para velocidades dessa magnitude a teoria da relatividade entra em jogo. O tempo passa, no referencial do múon, de maneira diferente do que para um observador na Terra: dilatação do tempo. O mesmo acontece com o espaço no referencial do múon, que se contrai na direção do movimento: contração do espaço. Dessa forma, para um observador na Terra, o múon parece demorar muito mais para se desintegrar do que o previsto, quando, de fato, ele está sofrendo os efeitos da sua alta velocidade.

CAPÍTULO 11

O acadêmico Einstein

Logo após a publicação da teoria da relatividade especial, Einstein conquistou um renomado admirador: Max Planck, o mesmo que, anos antes, desvendara a equação para o corpo negro. Contudo, nem mesmo o interesse de Planck conseguiu tirar Einstein do escritório de patentes. Quase três anos depois de revolucionar a ciência, ele continuava sem chance de conseguir um emprego de professor universitário. No início de 1908, Einstein começou a considerar lecionar no ensino médio como uma tentativa desesperada de ter mais tempo para suas pesquisas científicas. Ele então se candidata a uma vaga de professor de geometria em uma escola de Zurique, mas ironicamente não fica sequer entre os finalistas na seleção. Em fevereiro, ele consegue uma vaga para dar aulas na Universidade de Berna, mas devido à baixa posição e salário ele mantém o emprego no escritório de patentes. Em março de 1909, após contratempos relacionados ao fato de Einstein ter nascido judeu (o que causava desconforto entre os colegas), ele consegue a vaga de professor associado sob a supervisão do professor Alfred Kleiner na Universidade de Zurique e abandona o emprego no escritório de patentes. Quatro anos após o milagre, Albert Einstein finalmente se torna membro da esfera acadêmica. A família volta para Zurique e logo depois Mileva engravida do segundo filho do casal. Em julho de 1910, nasce Eduard Einstein. Alguns meses antes do nascimento do seu segundo filho, em março, Einstein recebeu a proposta de ocupar uma vaga como professor efetivo na Universidade de Praga. No entanto, o imperador Franz Joseph inicialmente vetou a contratação devido às origens judaicas de Einstein. Depois de algumas tentativas, o imperador cedeu e, em março de 1911, a família Einstein mudou-se para Praga. Mileva não estava contente com a mudança. Começava um declínio na relação entre ela e Einstein que acabaria num conturbado divórcio em 1918. O interessante dessa história é que Mileva só aceitou o divórcio depois que Einstein prometeu repassar para ela todo o valor pago pelo prêmio Nobel que ele tinha certeza de que um dia seria ganhador por alguma de suas muitas contribuições.

Einstein passou pouco tempo em Praga, pois logo recebeu um convite para retornar à Politécnica de Zurique, agora como professor. Em julho de 1912, a família volta à Suíça. Um ano depois, Max Planck, em visita a Zurique, faz um convite irrecusável a Einstein: ele faria parte da Academia Prussiana de Ciências, se tornaria diretor do instituto de física e professor na Universidade de Berlim. Einstein estava satisfeito com seu retorno à Alemanha depois de tantos anos. Primeiro devido à prestigiosa posição que ocuparia na Universidade de Berlim, e segundo que ele já mantinha a essa altura um romance com sua prima Elsa que morava na cidade. A família chega em Berlim em abril de 1914, mas Mileva retorna para Zurique levando os dois filhos em julho desse mesmo ano. Não haveria mais uma reconciliação.

Ao mesmo tempo, estoura a Primeira Guerra Mundial, o que faz Einstein, sempre um pacifista, se engajar em assuntos políticos, coisa à qual antes ele era completamente avesso. Alguns de seus colegas alemães nacionalistas e pró-guerra o incomodavam, dentre eles, Max Planck. Outro colega de Einstein, o diretor do instituto de química, Fritz Haber, não só era a favor da guerra, como desenvolveu armas de destruição em massa para a Alemanha, dentre elas o gás de cloro, que matava por asfixia. Haber ficou conhecido como o pai da guerra química e ganhou o prêmio Nobel em 1918 pela descoberta da síntese do amoníaco, importante na fabricação de explosivos. Por mais irônico que possa parecer, Haber, que nasceu judeu, mas na época da Primeira Guerra já era convertido ao catolicismo, foi obrigado a deixar a Alemanha em 1934, exatamente por ter origens judias, com a chegada de Adolf Hitler ao poder.

Einstein, em princípio, tentou manter a relação com Max Planck e Fritz Haber inabalável. Contudo, depois do Manifesto dos 93, constando a assinatura de ambos dentre as 93 assinaturas de intelectuais alemães, entre cientistas e artistas proeminentes, apoiando a guerra e a postura militar da Alemanha, Einstein rompeu politicamente com seus colegas.

A Europa sucumbia enquanto Einstein produzia uma das mais elegantes e espetaculares teorias da história da física: a relatividade geral.

Relatividade Geral

A primeira contribuição de Einstein para generalizar a teoria da relatividade aconteceu dois anos após a publicação dos artigos sobre a relatividade especial. Sentado no escritório de patentes, onde ainda trabalhava, Einstein teve um insight: uma pessoa em queda livre não é capaz de sentir o próprio peso. Ele classificou esse pensamento como o mais feliz de sua vida. As limitações da teoria da relatividade especial incomodavam Einstein profundamente. A expansão da teoria para incluir os movimentos de velocidade variável (movimentos com qualquer tipo de aceleração, como movimentos circulares) presenciados não só no nosso dia a dia, mas também no movimento da maioria dos corpos presentes no Universo, já povoava sua cabeça inquieta.

Para entendermos melhor esse insight vamos nos valer, mais uma vez, dos tão famosos experimentos mentais propostos por Einstein. Imagine-se dentro de um elevador no espaço longínquo. Você não sentirá seu próprio peso (pense em um astronauta flutuando livremente dentro da estação espacial). Agora imagine-se dentro desse mesmo elevador indo do último ao primeiro andar do prédio mais alto do mundo (163 andares, localizado em Dubai). Assim que você entra no elevador, o cabo de segurança se rompe e ele começa a cair de uma altura de mais de 800 metros. Você cai juntamente com o elevador em direção ao solo em queda livre: você, todas as outras pessoas e objetos flutuam livremente sem sentir o próprio peso! Qual é a diferença entre a primeira situação e a última? Como distinguir através de um experimento se você está em queda livre ou flutuando no espaço longínquo? Não podemos! Ou seja, não sentimos a gravidade dentro de um elevador em queda livre na Terra, exatamente como ocorre quando estamos no espaço na ausência de gravidade. E o inverso também é válido? Existe um jeito de simular a gravidade da Terra no espaço longínquo?

Voltemos ao primeiro exemplo, no qual você está dentro do elevador no espaço distante, mas agora esse elevador está se movendo aceleradamente, puxado por um cabo ligado a um foguete. Por alguma razão, você não sabe que está no espaço, caminha normalmente dentro do elevador e deixa até cair um objeto qualquer e o vê se chocar contra o piso. Quando você olha para cima, observa através de uma pequena janela de vidro transparente um cabo esticado amarrado ao elevador. A primeira coisa que você pensa é que está na Terra suspenso em um poço de elevador parado em algum andar de um prédio qualquer. A conclusão que nós chegamos então é que a aceleração simula os efeitos da força gravitacional. Os efeitos causados pela gravidade e pela aceleração são equivalentes e por isso foi chamado de princípio da equivalência.

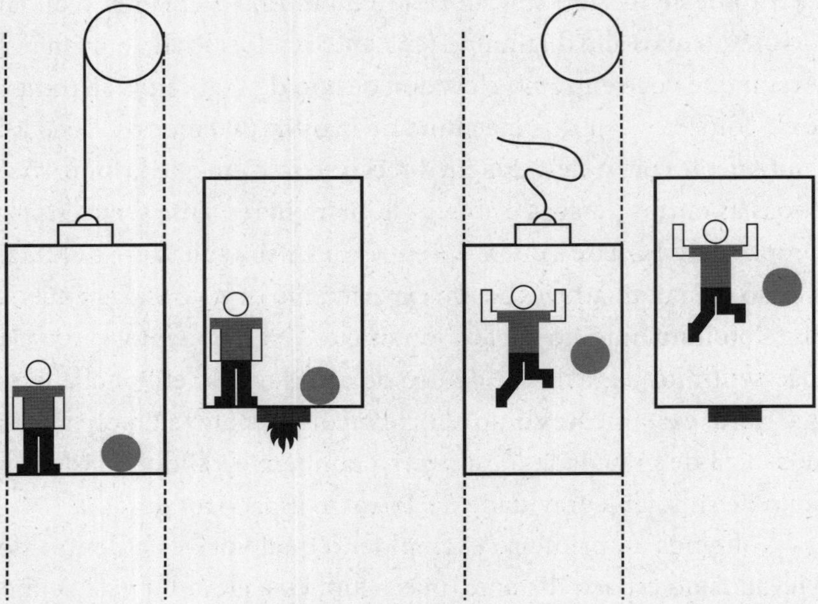

Figura 11.1: Princípio da equivalência.

Esses resultados foram publicados em novembro de 1907 como um capítulo extra no artigo de revisão sobre a relatividade especial.

Algumas consequências interessantes derivam do princípio da equivalência. Nosso bom senso nos faz acreditar que a luz sempre percorre uma trajetória retilínea, mas na presença de um campo gravitacional sua trajetória é curva. Como assim? Vamos analisar as Figuras 11.2 e 11.3 para uma visualização bastante simples desse efeito.

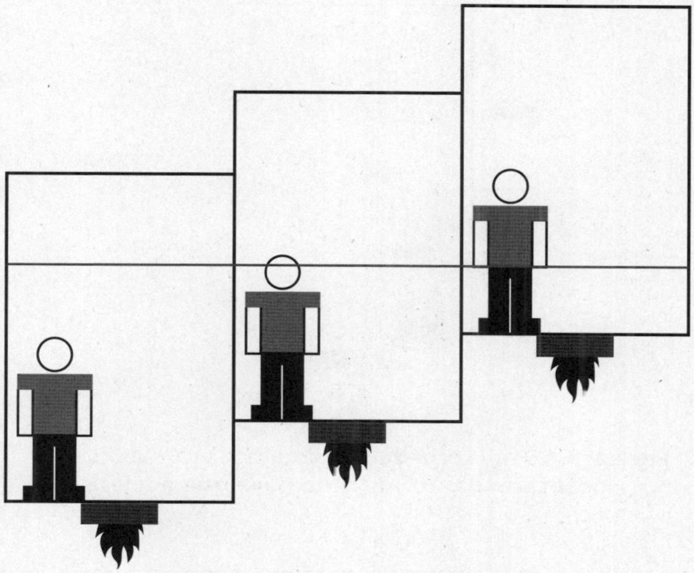

Figura 11.2: Trajetória da luz vista por um observador localizado fora da nave que acelera.

Imagine, mais uma vez, que você está no espaço distante dentro de uma nave espacial que sofre uma aceleração constante (ou elevador puxado por um foguete, não faz diferença). Uma segunda nave, que não sofre aceleração alguma, se localiza nas proximidades da sua, de forma que as pessoas dentro dessa nave observam o que acontece com você. Lembre-se, sua nave está acelerando em relação a outra nave. Um dispositivo situado na parede da sua cabine dispara um feixe de laser paralelo ao chão, como ilustrado na Figura 11.2. Os observadores da outra espaçonave veem o feixe percorrer uma trajetória retilínea até atingir a parede oposta da cabine. E você, o que observa?

Figura 11.3: Trajetória da luz vista por um observador localizado dentro de uma nave que acelera.

Nesse caso, é possível perceber, visualizando a Figura 11.3, que entre o momento que o feixe de laser foi disparado e o momento que ele atinge a parede oposta, a nave se deslocou. Portanto, a trajetória do feixe visto por um observador dentro da nave que sofre aceleração será curva. Ora, já sabemos, contudo, através do princípio da equivalência, que a aceleração simula os efeitos de um campo gravitacional. Concluímos, então, que a luz terá sua trajetória retilínea alterada quando passar por um campo gravitacional.

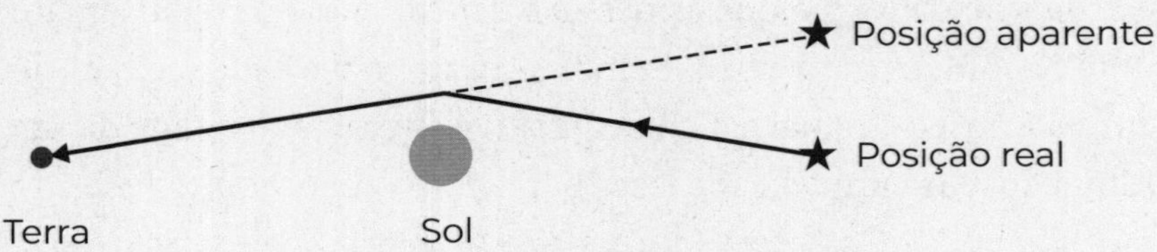

Figura 11.4: Trajetória da luz. Desvio na trajetória da luz por um campo gravitacional.

O desvio na trajetória da luz previsto por Einstein poderia ser um fenômeno observado e isso atraiu a atenção do jovem astrônomo alemão Erwin Freundlich. A ideia era observar a posição de uma estrela duas vezes: primeiro, quando o Sol estivesse próximo à trajetória percorrida pela luz emitida de uma estrela até nós, e quando o Sol não estivesse próximo dessa trajetória. A primeira medida seria obtida durante um eclipse solar e a segunda durante a noite. Porém, o eclipse solar aconteceria somente em 21 de agosto de 1914 e uma expedição sairia, mais tarde, rumo à Crimeia, na Rússia, onde o fenômeno poderia ser observado. Contudo, nada saiu como planejado, pois poucos dias antes do eclipse estoura a Primeira Guerra Mundial; e a Alemanha declara guerra à Rússia. Freundlich e seus colaboradores foram capturados pelo exército russo e os equipamentos foram confiscados. Eles foram liberados algumas semanas depois, mas o primeiro teste observacional que comprovasse a teoria da relatividade de Einstein teria que esperar até 1919, quando o astrofísico Arthur Eddington mediu o desvio da luz de uma estrela causado pelo campo gravitacional do Sol durante um eclipse total do Sol, observado em São Tomé e Príncipe em 29 de maio.

Outro resultado interessante obtido por Einstein nos cálculos de 1907 diz que um campo gravitacional intenso, além de desviar a trajetória, também altera o comprimento de onda da radiação eletromagnética, aumentando-o. Ou seja, o campo gravitacional estica a onda eletromagnética, fenômeno chamado de desvio para o vermelho (esse nome deriva do fato de o vermelho ser o maior comprimento de onda do espectro visível, reveja a Figura 7.10).

Entretanto, o resultado que mais mexe com o imaginário das pessoas é a dilatação gravitacional do tempo. O filme *Interestelar* explora bem esse assunto em quase três horas diante da telinha (para quem ainda não assistiu, assista). Ao contrário do que acontece na relatividade especial, o fenômeno de dilatação gravitacional do tempo não é recíproco. Vamos entender como isso acontece através de mais um experimento mental. Imagine duas pessoas dentro de um foguete extremamente comprido que acelera "para cima". Uma está no "primeiro" andar (na base do foguete), segurando um relógio, que chamaremos de B. A outra está no "último" (no topo) segurando o relógio A. Primeiro vamos analisar como a pessoa na base do foguete percebe a passagem do tempo da pessoa no topo. Um pulso de luz é emitido pelo relógio A a cada segundo (veja a ilustração na Figura 11.5). O primeiro pulso percorre uma distância L até atingir B. Lembre-se de que o foguete acelera e terá uma velocidade maior quando o segundo pulso for emitido por A. Esse pulso, então, percorre uma distância L' menor que L até chegar em B. Dessa forma, quando passar 1 segundo no relógio A (o intervalo entre 2 pulsos de luz), terá passado menos de 1 segundo no relógio B. Logo, o passageiro na base do foguete concluirá que o tempo passa mais rápido para o passageiro no topo do foguete. Agora vamos analisar como a pessoa do topo vê a passagem do tempo da pessoa na base. O esquema inverso se aplica nesse caso. Um pulso de luz por segundo é enviado do relógio B em direção ao relógio A. O primeiro pulso atinge A depois de percorrer uma distância L (ver a Figura 11.6). Como o foguete acelera "para cima", o segundo pulso de luz emitido por B deverá percorrer uma distância L' maior que L até atingir A. Ou seja, quando passa 1 segundo no relógio B, no relógio A já terá passado mais de 1 segundo. A pessoa no topo do foguete concluirá que o tempo da pessoa na base passa mais devagar e, portanto, que o seu próprio tempo está passando mais depressa.

Agora, a situação equivalente, de que o foguete está em repouso na superfície da Terra, o tempo marcado no relógio B, que está mais próximo da Terra (portanto, sofre um maior efeito do campo gravitacional), passa mais devagar que um relógio mais afastado da superfície, nesse caso o relógio A. É claro que esse efeito é tão pequeno para pequenos afastamentos da superfície que não podem ser medidos. Mas e um relógio dentro de um satélite? Dessa maneira foi possível confirmar a previsão de dilatação gravitacional do tempo na teoria da relatividade geral que tem grandes utilidades práticas, como veremos adiante. Da mesma forma, podemos concluir, em comparação com a Terra, que o tempo passa mais devagar próximo a corpos mais massivos que o nosso planeta (portanto, com um campo gravitacional maior), como acontece no filme *Interestelar* no planeta que orbita o buraco negro supermassivo Gargântua.

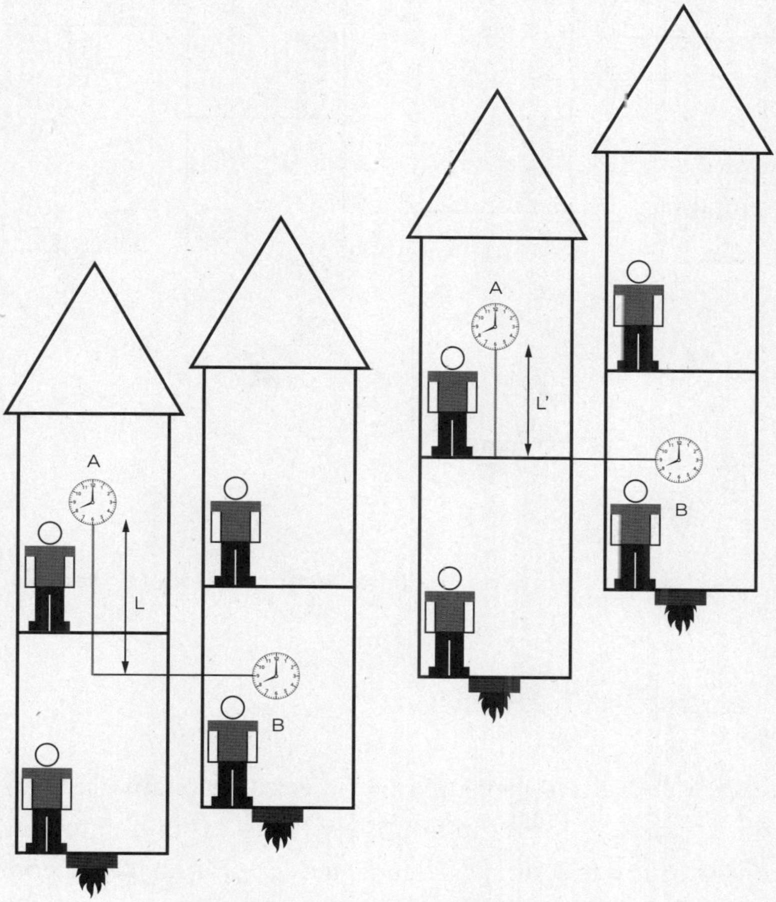

Figura 11.5: Fenômeno de dilatação gravitacional do tempo.

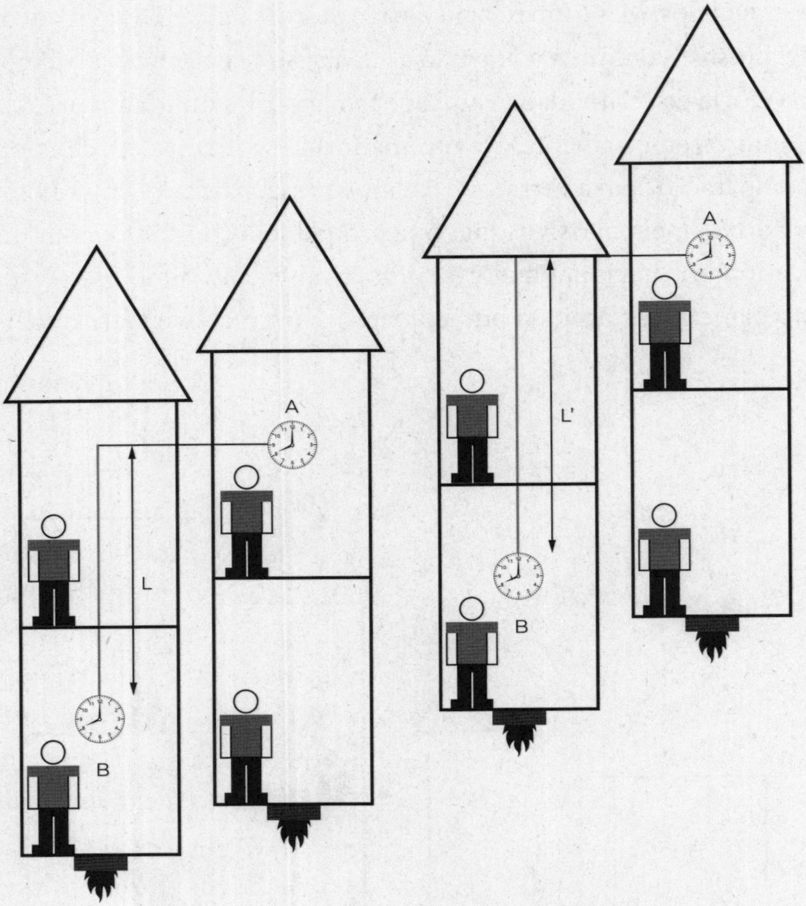

Figura 11.6: Fenômeno de dilatação gravitacional do tempo.

O espaço-tempo curvo

A busca de Einstein por uma teoria geral da relatividade ainda estava, contudo, longe do fim. A partir do experimento que demonstra que a trajetória do raio de luz se curva ao passar por um campo gravitacional, uma nova formulação foi desenvolvida. A nova ideia vai além, e sugere que ao invés de o campo gravitacional curvar a trajetória da luz, o próprio espaço-tempo é curvo e por isso a luz segue uma trajetória curva. Em 1912, durante seu breve retorno a Zurique, Einstein se encontra com Marcel Grossman, agora chefe do departamento de matemática da Politécnica, e os dois começam a trabalhar juntos na formulação matemática da teoria da relatividade geral. Grossman sugere que Einstein adote a formulação matemática em espaços curvos desenvolvida por Riemann, utilizando uma geometria não Euclidiana.

Vamos parar um minuto para recordarmos o que é a geometria Euclidiana. A geometria euclidiana é aquela aprendida ainda hoje nas escolas e que foi desenvolvida baseada nos postulados de Euclides (viveu em 300 a.C., aproximadamente). Ela descreve superfícies planas utilizando retas e ângulos. Um resultado bastante conhecido da geometria em espaços planos é que a soma dos ângulos internos de um triângulo é 180 graus. Isso é relativamente fácil de ser verificado. Pegue uma caixa de papelão e desenhe um triângulo na sua superfície com auxílio de uma régua. Com o compasso, meça os ângulos internos e some-os. Agora tente fazer o mesmo em uma bola de futebol. A soma dos ângulos internos desse triângulo será sempre maior que 180 graus. Pense também na menor distância entre dois pontos na folha de papel (espaço Euclidiano): sempre será uma reta, certo? Na bola de futebol, contudo, a menor distância entre dois pontos será uma trajetória curva. Estamos chegando lá. O que curva o espaço? Imagine uma cama elástica. Coloque uma enorme bola de boliche no centro, o que acontece? Ela se curva! Agora jogue pequenas bolinhas de gude horizontalmente ao elástico, e você verá que elas percorrem trajetórias curvas. Se você jogar com força suficiente, elas descreverão trajetórias elípticas ao redor da bola de boliche. Isso lhe parece familiar? Talvez a movimento dos planetas ao redor do Sol? Um objeto massivo deforma o espaço-tempo (lembre-se de que nesse caso é um pouco mais complicado, pois estamos falando de quatro dimensões), e essa deformidade (curvatura) estabelece como os corpos se movimentam no Universo. Diferentemente da visão estabelecida por Newton, não existe uma força invisível que atrai dois corpos massivos. Os corpos simplesmente se movimentam, obedecendo a geometria do espaço-tempo.

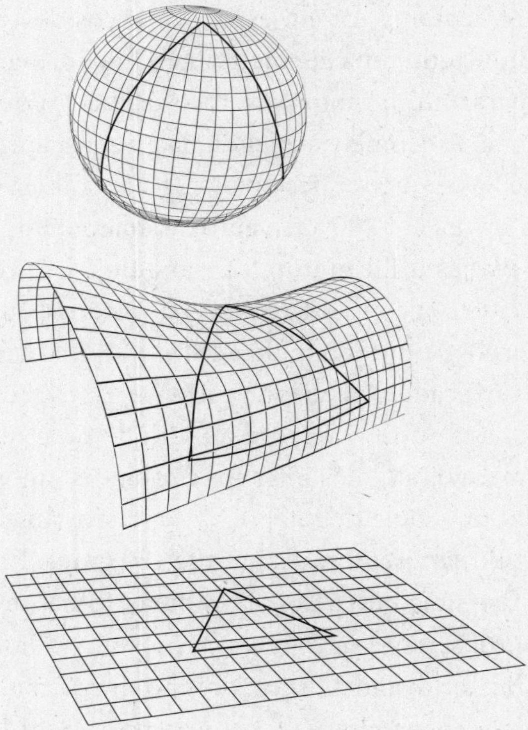

Figura 11.7: Triângulo na esfera, na sela e no plano.

O pioneiro na formulação de uma geometria em espaços curvos foi Carl Friedrich Gauss, mas coube ao seu aluno Bernhard Riemann descrever matematicamente uma superfície independentemente da sua geometria (plana ou curva), ou até mesmo para superfícies que variam sua geometria de um ponto a outro. É importante ressaltar que superfícies curvas não se resumem a esferas (curvatura positiva). Existem também curvaturas negativas, como a sela que se utiliza sobre o cavalo.

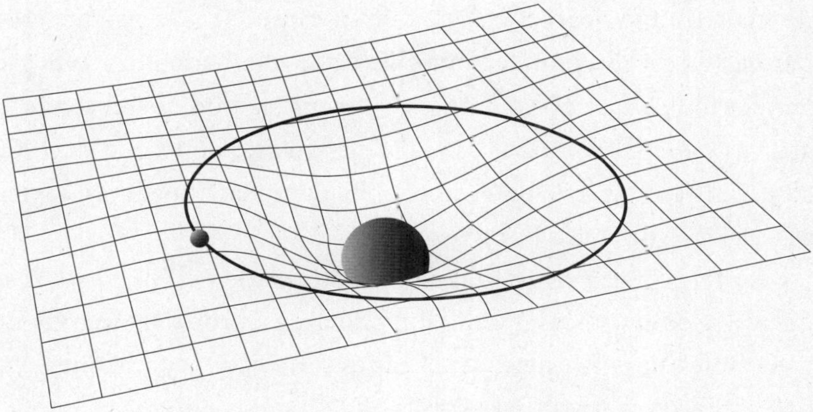

Figura 11.8: Espaço-tempo curvo.

Em 1913, Einstein e Grossman publicam um esboço do que viria a ser a formulação final da teoria; no entanto, as equações ainda apresentavam alguns problemas. Em 1915, Einstein conhece o matemático David Hilbert durante uma série de seminários na Universidade de Gottingen. Nessa oportunidade, ele apresentou os resultados atingidos até então na formulação matemática da relatividade geral. Encantado com a teoria, Hilbert começa a trabalhar de maneira independente nas equações propostas por Einstein. Os dois começam então uma disputa de quem encontraria primeiro as equações corretas da teoria da relatividade geral. Hilbert enviava o artigo para a publicação com as equações finais da teoria dia 20 de novembro, enquanto Einstein as apresentava dia 25 de novembro de 1915. Apesar do debate histórico, o próprio Hilbert creditou a teoria a Albert Einstein.

Em 1916, com base na teoria da relatividade geral, o astrofísico Karl Schwarzschild calculou a curvatura do espaço-tempo dentro de uma estrela esférica sem rotação. Os cálculos mostram que se concentrarmos a massa de uma estrela em um ponto infinitesimalmente pequeno do espaço, a estrutura do espaço-tempo se deforma de maneira tão dramática que nem mesmo a luz consegue escapar de seu campo gravitacional. Temos o chamado buraco negro. Hoje, sabe-se que esses monstros cósmicos podem ser gerados através do colapso gravitacional de estrelas. Na década de 1960, alguns físicos, entre eles o famoso Stephen Hawking, dissecavam as características dos buracos negros.

Ao terminar a construção da relatividade geral, Einstein se deparava com um casamento em ruínas, a Europa submergia no caos causado pela guerra, mas, apesar de tudo, aos 36 anos ele tinha muitos motivos para sorrir.

Validações da relatividade geral

Um dos primeiros testes pelo qual passou a teoria da relatividade derivou de cálculos incessantes do próprio Einstein. Todos os planetas sofrem variações em suas órbitas devido às perturbações causadas pelos outros planetas, porém Mercúrio sofre uma lenta precessão em seu periélio (ponto da órbita mais próximo ao Sol), que não consegue ser explicada usando a mecânica de Newton. Essa variação na localização do periélio de Mercúrio durante os anos somou 43 segundos de arco por século e chegou a ser atribuída em meados de 1840 às perturbações causadas por outro planeta, chamado de Vulcano, que, todavia, nunca foi encontrado. A teoria ainda não estava completa; porém, sem nenhum artifício adicional, Einstein calculou essa pequena discrepância (note que 3.600 segundos de arco equivalem a 1 grau) na variação na órbita de Mercúrio usando somente previsões diretas da relatividade geral e encontrou um valor de 43 segundos de arco por século! Depois dessa descoberta, Einstein confessou a um amigo que teve palpitações e que passou dias em estado de êxtase.

O segundo teste pelo qual passou a relatividade geral foi proporcionado pelo eclipse total do Sol que ocorreu em 1919. O diretor do observatório de Cambridge, o inglês Arthur Eddington, tomou conhecimento da nova teoria proposta por Einstein e se tornou um entusiasta. Ele queria demonstrar que a teoria estava correta e o eclipse de 29 de maio de 1919 seria uma oportunidade única de mostrar que a luz emitida por uma estrela tinha sua trajetória, de fato, desviada ao passar pelo Sol. Einstein era pouco conhecido na Inglaterra (terra de Isaac Newton, diga-se de passagem). Eddington organizou duas expedições que saíram rumo a Sobral, no Brasil e à ilha de São Tomé e Príncipe na costa da África, lugares onde o eclipse seria visível. Depois de um trabalho cansativo, várias fotos tiradas e muitos cálculos, Eddington concluiu que a luz das estrelas tinha a trajetória desviada ao passar pelo Sol, assim como previa a teoria da relatividade geral. A comoção foi geral. Eddington descreveu essa medição como a mais importante de sua vida. E foi na terra que consagrou Isaac Newton que a teoria da gravitação universal era modificada pela primeira vez em mais de dois séculos. A ciência então unia dois países que foram inimigos em uma guerra recém-acabada. E a união se dava através do brilhantismo de um alemão judeu: Albert Einstein. A fama de Einstein se tornou inevitável. Todos os jornais da época só falavam na nova teoria que mudava nossa visão do mundo. Um dos jornais de maior prestígio do mundo, *The New York Times*, não deixou de publicar sobre o espaço-tempo curvo e sobre as ideias que iam contra o senso comum por dias a fio. Einstein era uma celebridade.

Durante anos, a teoria da relatividade vem passando em todos os testes observacionais aos quais é submetida. Como último exemplo, citarei a dilatação do tempo (tanto aquela prevista pela teoria especial, como a prevista pela teoria generalizada), que além de ser um efeito digno de tema de filmes de ficção científica, tem influência em nossas vidas práticas. Esse teste foi realizado em 1971, quando os físicos Hafele e Keating colocaram relógios atômicos extremamente precisos dentro de aviões comerciais. Um avião viajou para leste (na mesma direção da rotação da Terra) e o outro para oeste (contrário à rotação da Terra), somando 40 horas de voo. Esses relógios, mais tarde, seriam comparados com um relógio atômico em repouso com relação à superfície. Considerando os efeitos da relatividade especial (dilatação do tempo devido ao movimento relativo das aeronaves em relação à Terra) e considerando a previsão da relatividade geral (dilatação gravitacional do tempo devido à altitude das aeronaves), os cientistas calcularam os valores que ambos os relógios deveriam marcar ao final da jornada (foram levadas também em consideração as correções nos cálculos, no caso da dilatação temporal prevista pela relatividade especial, pois os referenciais não são inerciais). Os valores esperados foram confirmados pelas medições nos relógios com uma precisão de aproximadamente 10% (a diferença prevista e encontrada entre os relógios estava na casa de bilionésimos de segundos). Atualmente, esses efeitos são de fundamental importância para a precisão do sistema de posicionamento global, conhecido pela sigla em inglês, GPS (*Global Positioning System*). Se a teoria da relatividade não fosse levada em consideração, o posicionamento preciso de aviões, por exemplo, não seria possível e em um dia de mau tempo sua aterrissagem não seria de forma alguma segura.

A constante cosmológica

Além de todos os feitos, Einstein ainda deu uma última contribuição aos alicerces da cosmologia moderna. Mas, afinal de contas, o que é o estudo da cosmologia? A cosmologia estuda principalmente a dinâmica do Universo como um todo, sua evolução no tempo (por exemplo, como se deu a formação das galáxias e de estruturas ainda maiores que observamos no céu), investiga se ele teve um início, se terá um fim. Pensando nisso tudo, em 1917 Einstein publicou um artigo intitulado "Considerações Cosmológicas na Teoria da Relatividade Geral". Nele, Einstein defende que o Universo como um todo é espacialmente finito e possui curvatura positiva (como a superfície de uma esfera). Acreditava-se na época que o Universo era estático, e pouco se conhecia além da nossa própria galáxia, a Via Láctea. A solução das equações da Relatividade Geral apontava, contudo, para um Universo dinâmico, no qual a matéria tende a se aglomerar sobre si mesma devido às deformações no espaço-tempo. Nesse caso, Einstein não teve mais um de seus insights e, apesar da demonstração teórica da impossibilidade de um Universo estático, ele se ateve a essa ideia que era amplamente aceita. Ele, então, introduziu em suas equações um termo extra, que funciona como uma espécie de repulsão cósmica, chamado de constante cosmológica. Apesar de, mais tarde, com a comprovação de que o Universo é de fato dinâmico e está se expandindo, Einstein ter declarado que isso foi o maior erro de sua vida, atualmente acreditamos que essa foi mais uma de suas muitas contribuições.

A incansável busca pela teoria unificada

Albert Einstein era, a essa altura, mundialmente famoso, e a teoria da relatividade, como acontece ainda hoje em dia, virou parte do imaginário popular. A agenda de Einstein era extensa, entre entrevistas, aparições públicas e palestras. Mas nada disso o impediu de ser alvo de perseguições antissemitas que cresciam assustadoramente na Alemanha pós-guerra. Em 1931, ele abre mão de seu emprego na universidade de Berlim e viaja com a então esposa Elsa Einstein (os dois se casaram logo após seu divórcio em 1919) para os Estados Unidos. Seus amigos e o próprio Einstein acreditavam, com razão, que sua vida estaria em risco na Alemanha nazista. Em 1933, Adolf Hitler se tornaria chanceler da Alemanha. O também prêmio Nobel Philip Lenard (o mesmo cujos experimentos despertaram Einstein para o efeito fotoelétrico) chegou a declarar publicamente que Einstein era o exemplo de uma influência perigosa dos judeus na ciência. Nesse mesmo ano, o governo Alemão sanciona uma lei que proíbe judeus de ocuparem cargos públicos. Dentre eles, catorze vencedores do prêmio Nobel perderam o emprego e tiveram que fugir da Alemanha. Muitos desses refugiados, mais tarde, participariam do projeto Manhattan, assegurando que os aliados, e não a Alemanha, seriam os primeiros a fabricar a bomba atômica. Einstein, que apesar de não participar efetivamente do projeto, ajudou a dar o pontapé inicial em uma carta alertando o então presidente dos Estados Unidos, Franklin Roosevelt, quanto aos perigos da mais nova descoberta: a fissão nuclear (a quebra do núcleo de um átomo instável em dois menores) não só era possível, como já havia sido realizada. Esse processo liberava grandes quantidades de energia, como previa a famosa equação $E=mc^2$.

Einstein, mais uma vez, entrega seu passaporte alemão e rejeita a cidadania. Ele se torna cidadão dos Estados Unidos e passa o resto dos seus dias como professor na Universidade de Princeton. Em seus últimos anos, dedicou-se a uma busca infrutífera e solitária por uma teoria que unisse gravitação e eletromagnetismo. Ironicamente, ele também passou grande parte do seu tempo atacando a teoria quântica, que se consolidava cada dia mais. Em uma de suas célebres frases, Einstein dizia acreditar que Deus não joga dados com o Universo, referindo-se às incertezas atribuídas aos fenômenos físicos pela mecânica quântica.

Apesar de toda a sua genialidade, Einstein não encontrou a teoria de tudo, mas nunca desistiu. Trabalhou incansavelmente até o último dia de sua vida. Ele foi levado ao hospital com fortes dores devido a um aneurisma na aorta abdominal no dia 16 de abril de 1955. No dia seguinte, acordou disposto e trabalhou durante todo o dia nas equações de uma possível teoria unificadora. Einstein não acordaria no dia 18 de abril. Ele morreu durante a madrugada devido à hemorragia interna causada pelo aneurisma aos 76 anos de idade. Ao lado de sua cama foram recolhidas páginas de cálculos inacabados.

PARTE 3

A COSMOLOGIA MODERNA

CAPÍTULO 12

Universo em expansão

Após a formulação da teoria da Relatividade Geral, outros cientistas, além do próprio Einstein, tentavam responder a questões que até hoje povoam o pensamento dos mais inquietos: O Universo teve um início? O Universo terá um fim? Tentando responder a essas perguntas, uma nova vertente surgiu: a cosmologia, que estuda a evolução do Universo como um todo. Como o Universo evolui com o passar do tempo?

Em 1920, cinco anos após a publicação da teoria da gravidade de Einstein, o encontro da *National Academy of Science*s em Washington abriria a discussão acerca do tamanho do Universo. Dois astrônomos estadunidenses, Harlow Shapley e Heber D. Curtis, protagonizaram o que ficou conhecido como o "Grande Debate". Dentre os tópicos abordados, o tamanho do nosso Universo ganhou destaque. Curtis argumentou que o Universo seria formado de várias galáxias como a nossa, ao passo que Shapley defendia que o Universo era formado por uma única grande galáxia, a nossa. A solução para esse impasse não tardaria a chegar, a qualidade dos instrumentos de observação melhorava e a curiosidade do homem perante a imensidão do cosmos aumentava. Em 1924, o astrônomo Edwin Hubble, munido com o mais poderoso telescópio da época, identificou estrelas muito afastadas de nós e calculou que elas deveriam estar a uma distância muito maior do que o tamanho proposto por Shapley para a Via Láctea. Concluiu-se, portanto, que essas estrelas deveriam estar em outra galáxia parecida com a nossa. Hoje sabemos tratar-se da galáxia Andrômeda. Em meados da década de 1920 já sabíamos que o Universo era muito maior do que um dia Ptolomeu poderia imaginar.

Com a expansão do conhecimento, aumenta também o número de perguntas sem respostas. Questionamentos que antes sequer imaginaríamos fazer devido à própria limitação de recursos para fazê-los. Não poderíamos questionar sobre a evolução dos seres microscópicos quando sequer sabíamos que eles existiam. Se o Universo então é composto de várias galáxias como a nossa, como essas estruturas se formaram?

Possíveis destinos do Universo

No ano de 1922, o físico e matemático russo Alexander Friedman, debruçado sobre as equações derivadas por Einstein, encontra, pela primeira vez, três possíveis soluções para a evolução do Universo. Ele assume primeiramente um Universo homogêneo (nenhuma posição no espaço é favorecida) e isotrópico (nenhuma direção é favorecida), quando levamos em consideração grandes distâncias. Ou seja, o Universo é o mesmo para qualquer observador, não favorecendo nenhum em particular. O Universo é igual para qualquer lugar que se olhe e em qualquer direção. Essa hipótese é conhecida como princípio cosmológico. Assumindo que o Universo em grande escala obedece ao princípio cosmológico (é claro que para distâncias da ordem do nosso Sistema Solar, ou mesmo da nossa galáxia, homogeneidade e isotropia não se aplicam), Friedman encontrou soluções nas quais o Universo apresenta um caráter dinâmico, sugerindo que ele teve sim um início.

Dois futuros eram possíveis: o Universo permaneceria em expansão contínua ou sofreria um recolapso. O que determinaria o nosso destino seria a quantidade de matéria presente no Universo como um todo. Se a quantidade de matéria total fosse grande o suficiente, a atração gravitacional seria responsável por desacelerar a expansão, de modo que ela eventualmente cessaria e o Universo começaria a se contrair até o evento conhecido como *Big Crunch*. Se a quantidade de matéria não fosse suficiente para inverter o processo, o Universo continuaria a se expandir eternamente.

É importante salientar que a quantidade de matéria define a curvatura do espaço e essa geometria define a dinâmica do Universo. Nesse caso, um Universo com quantidade de matéria suficiente para proporcionar um recolapso seria, como um todo, de curvatura positiva, ou seja, fechado (semelhante a uma esfera). Caso a quantidade de matéria contida no Universo não seja suficiente para garantir um recolapso, ele se expandirá para sempre, mas nesse caso dois destinos são possíveis: em um Universo com curvatura negativa, ou seja, aberto (semelhante à sela do cavalo), ele se expandirá eternamente; no caso particular de um Universo com curvatura zero, ou plano (semelhante a folha de papel), o Universo se expandirá continuamente, tendendo a estacionar a expansão (velocidade zero). Nesse caso especial, o Universo teria exatamente a quantidade de matéria suficiente para parar a expansão, mas não para contraí-lo. Essa quantidade de matéria especial que define um Universo plano estabelece o que chamamos atualmente de *densidade crítica*.

O próximo passo seria simplesmente medir de alguma forma a quantidade de matéria no Universo e, consequentemente, saberíamos o destino do Universo.

Após a publicação de Friedman demonstrando um Universo dinâmico a partir das equações da relatividade geral, Einstein criticou o artigo apontando erros nos cálculos (que na verdade não existiam). A dificuldade de aceitar que o Universo não era estático, como defendido na época, não tardaria a mudar. As evidências observacionais chegariam ainda na década de 1920.

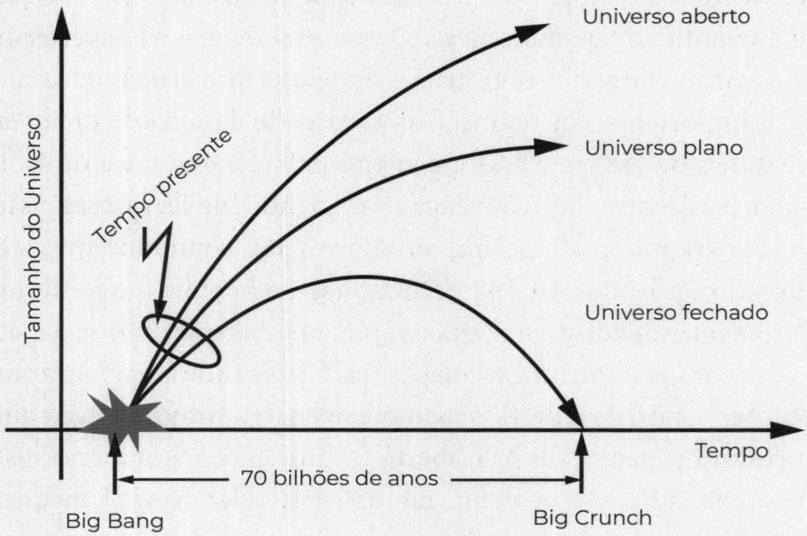

Figura 12.1: Os possíveis destinos do Universo.

Em 1929, mais uma vez, Edwin Hubble surpreendeu o mundo com uma descoberta fundamental que mudaria nossa visão do cosmos. Enquanto trabalhava no Carnegie Observatories em Pasadena na Califórnia, utilizando um poderoso telescópio, ele conseguiu medir a velocidade de algumas galáxias. Na vizinhança da Via Láctea, a maioria das galáxias exibia velocidades que evidenciavam que elas estavam se afastando de nós. Além disso, quanto mais longe estava a galáxia da Via Láctea mais rápido ela parecia se afastar. Tudo levava a acreditar, então, que o Universo estava se expandindo! A visão de um Universo estático desmoronou subitamente. Após essa descoberta, Einstein teria afirmado que introduzir uma constante cosmológica nas equações da relatividade geral, para adaptá-las a um Universo estático, foi o maior erro de sua vida. No entanto, veremos mais adiante que não foi bem assim.

Atualmente, um Universo em expansão é a melhor interpretação que temos para as observações disponíveis. Se o Universo está de fato se expandindo, ao voltarmos no tempo, as galáxias estariam mais perto umas das outras. O espaço entre elas ficaria cada vez menor, quanto mais olhássemos para o passado do Universo. E se voltássemos no tempo longe o suficiente? Talvez conseguíssemos ver toda a matéria concentrada em um diminuto espaço. É importante enfatizar que quando falamos que o Universo está em expansão, queremos dizer que o próprio espaço se expande. Não existindo, portanto, uma posição privilegiada no Universo (de outra forma, estaríamos violando os conceitos do princípio cosmológico). Imagine que você está em uma sala cheia de pessoas e o chão abaixo dos seus pés é feito de borracha. Devido a algum mecanismo qualquer ele começa a se esticar de forma que todas as pessoas na sala vejam todas as outras se afastarem.

CAPÍTULO 13

A matéria que nós não vemos

Os modelos para a evolução do Universo descritos por Friedman passaram então de desacreditados a uma mola propulsora para novas medições. Como conseguimos medir a quantidade de matéria no Universo? O objetivo agora era descobrir em qual modelo o Universo se encaixava.

No final da década de 1920, o físico holandês Jan Oort confirmou a hipótese do astrônomo sueco Bertil Lindblad de que as galáxias estavam em rotação, analisando o movimento de estrelas distantes. A partir do movimento de rotação das galáxias e sabendo de sua distância até nós, podemos calcular a quantidade de matéria que ela contém utilizando a lei da gravitação de Newton!

Em 1933, o físico suíço Fritz Zwicky percebeu algo completamente inesperado ao estudar o movimento de rotação de galáxias pertencentes ao aglomerado de Coma. O movimento de rotação medido indicava uma massa muito maior para cada galáxia do que a estimada com base no número de estrelas visíveis. Um novo problema surge: onde está essa massa faltante nas galáxias?

Em vista desse mistério, essa massa faltante passou a ser conhecida como matéria escura. Nós conseguimos detectar seus efeitos, mas não conseguimos "vê-la". Esse tipo de matéria não emite ou absorve luz, em nenhuma região do espectro eletromagnético, sendo, portanto, escura.

Sabemos pela teoria da relatividade geral de Einstein que um objeto massivo deforma o espaço-tempo, e consequentemente altera a trajetória da luz. Conseguimos medir essa alteração da trajetória da luz das estrelas de fundo quando passam por aglomerados de matéria escura no caminho até a Terra. Esse efeito, conhecido como lente gravitacional, nos proporcionou, entre 2002 e 2004, uma forte evidência da presença desse tipo exótico de matéria no Universo.

Entre 2002 e 2004, o observatório de raios-X Chandra detectou a colisão entre dois aglomerados de galáxias. Após o choque, o sistema adquiriu a forma de uma bala, e por isso é conhecido como aglomerado "Bala". A maior parte da matéria que conhecemos em um aglomerado (chamada de bariônica e formada pelos átomos da tabela periódica) está sob a forma de gás. Ao se chocarem, os gases perdem velocidade e esquentam. Medidas de lente gravitacional mostram, contudo, que a maior parte da distribuição de matéria não coincide com a localização dos gases. Diferentemente deles, as partículas de matéria escura não interagem, e, portanto suas velocidades não são alteradas.

Figura 13.1: O aglomerado Bala.

O gás foi observado em raios X. O efeito de lente gravitacional mostra onde a maior parte da matéria do sistema está localizada após a colisão, evidenciando a presença de matéria escura. Fonte: X-ray: NASA/CXC/CfA/ M.Markevitch et al.; Lensing Map: NASA/STScI; ESO WFI; Magellan/U.Arizona/ D.Clowe et al. Optical: NASA/STScI; Magellan/U.Arizona/D.Clowe et al.

Hoje, sabe-se que aproximadamente 27% do Universo é constituído de matéria escura. Na tentativa de identificar esses objetos escuros, pesquisadores realizaram uma ampla investigação, gerando algumas hipóteses. Os objetos astrofísicos compactos massivos, da sigla em inglês MACHOS (*massive astrophysical compact objects*) foram apontados como possíveis candidatos a matéria escura. Os MACHOS emitem pouca ou nenhuma radiação, como os buracos negros. Constatou-se que somando-se todos os possíveis objetos compactos do Universo, ainda assim, as observações astronômicas não podiam ser explicadas. Faltava massa! Apesar de os MACHOS constituírem uma pequena fração da matéria escura presente no Universo, acredita-se que grande parte é formada por algum tipo de matéria exótica não bariônica. A matéria da qual somos formados constitui apenas cerca de 5% do Universo!

Com base nos dados disponíveis, o Universo é dominado por um tipo de matéria escura, na qual suas partículas são massivas e não relativísticas (que viajam a baixas velocidades), conhecida como matéria escura fria (do inglês, *cold dark matter*). Candidatos à matéria escura vêm sendo amplamente estudados e buscados em laboratórios de partículas espalhados pelo mundo, mas até agora nada foi detectado.

CAPÍTULO 14

Modelando o cosmos

Com o aperfeiçoamento dos instrumentos astronômicos, as descobertas impulsionaram a criação de modelos para a evolução do Universo. Além disso, a Segunda Guerra Mundial promoveu novas tecnologias e financiou os estudos principalmente em física nuclear, permitindo o avanço no conhecimento dos elementos químicos que seriam de fundamental importância para o progresso científico.

No pós-guerra, a cosmologia passou a contar com experimentos que poderiam confirmar ou refutar algumas previsões dos modelos propostos. Assim, passaram a ser testados, abandonando o caráter puramente especulativo de hipóteses matemáticas desvinculadas da realidade.

No final da década de 1940, dois modelos rivais dividiam a comunidade científica. Um assumia que o Universo teve sim um início, como previsto por Friedman e apoiado pela evidência de que o Universo está se expandindo. O outro, com base na descoberta de Hubble em 1929, elaborava uma estratégia para sustentar a ideia de um Universo eterno e estacionário.

A teoria do Big Bang

Um pouco antes, na década de 1930, o padre belga Georges Lemaître, professor da Universidade Católica de Louvain, já formulava um modelo no qual o Universo evolui a partir de um tempo inicial definido. Nesse estágio primordial, os constituintes do Universo estariam confinados em um Universo extremamente pequeno, resultando em uma alta densidade inicial. Lemaître então batiza esse estágio inicial de átomo primordial.

Quase duas décadas depois, o trabalho de Lemaître foi retomado pelo físico ucraniano George Gamow. Ele considerou um estágio inicial extremamente quente, formado por um gás de nêutrons que decaía (ou seja, se transformava) em elétrons e prótons devido à expansão e ao consequente resfriamento do Universo. A sopa primordial seria então formada de nêutrons, elétrons e prótons imersos em radiação em um estado inicial de alta densidade e temperatura. Gamow trabalhou em colaboração com os físicos estadunidenses Ralph Alpher e Robert Herman. Juntos eles calcularam os processos nucleares possíveis nesse mar de partículas e radiação, e concluíram que alguns elementos químicos poderiam ser formados a partir da interação dessas partículas.

O modelo fez previsões sobre a abundância de hidrogênio e hélio que o Universo deveria ter. Esses números foram comparados com a quantidade desses elementos químicos observada nas estrelas. O modelo foi bem-sucedido, apesar de não conseguir prever a abundância de elementos mais pesados, como o carbono. Isso porque 99% do Universo é constituído de hidrogênio e hélio. Com o passar do tempo, percebeu-se que esses elementos mais pesados poderiam ser formados em outro estágio de evolução do Universo, após a formação das primeiras estrelas e como resultado da queima de seus combustíveis iniciais (hidrogênio e hélio).

Teoria do estado estacionário

No final da década de 1940, uma teoria rival à teoria do Big Bang também tomava forma. Os astrofísicos Fred Hoyle e Thomas Gold, juntamente com o matemático Hermann Bondi, propuseram um "princípio cosmológico perfeito": o Universo deveria ser o mesmo em todos os lugares, em todas as direções e o tempo todo. Mas como conciliar a hipótese de que o Universo sempre parece ser o mesmo com o fato de ele estar em expansão? Matéria estaria sendo criada constantemente, de forma que novas galáxias ocupariam os espaços antes ocupados por outras galáxias que se afastaram. Dessa forma, a densidade de matéria no Universo se manteria constante.

Na década de 1960, esse modelo foi totalmente refutado. Suas previsões não concordavam com as observações disponíveis, sendo completamente descartado. Hoje em dia, a teoria do estado estacionário tem somente valor no debate histórico do desenvolvimento dos modelos cosmológicos.

CAPÍTULO 15

A era de precisão na cosmologia

Até meados da década de 1960, poucas e imprecisas observações não permitiam uma elaboração contundente de um modelo de evolução do Universo. O cenário resumia-se a um Universo aberto (composto em sua maioria de matéria escura, com pouca matéria bariônica), no qual a quantidade de matéria total não seria suficiente sequer para parar o processo de expansão e o Universo se expandiria para sempre. Além disso, duas teorias dividiam a comunidade científica: a teoria do Big Bang e a teoria do estado estacionário.

A partir de 1965, a cosmologia passa a ter um novo rumo, e a nossa visão do Universo muda consideravelmente. Uma das descobertas mais importantes aconteceria de forma puramente acidental. Os astrônomos Arno Penzias e Robert Wilson calibravam a antena que usavam para mapear os sinais emitidos pela Via Láctea no Bell Telephone Laboratories, localizado nos Estados Unidos, quando perceberam um ruído insistente no aparelho. Após vários testes, eles perceberam que esse excesso de ruído não era proveniente do instrumento tampouco da emissão da atmosfera. O ruído persistia em qualquer direção do céu na qual a antena fosse apontada. Inicialmente, ele foi medido em pequenas regiões do céu e sua temperatura foi estimada em 3,5 Kelvin (por volta de -238ºC).

Ao mesmo tempo, o físico Robert Dicke, da Universidade de Princeton, já estava trabalhando em um experimento capaz de medir uma certa radiação na qual estaríamos imersos, relíquia do Universo primordial, e prevista por Gamow no modelo do Big Bang. Por fim, quando Penzias contacta Dicke na tentativa de entender de onde o ruído estava vindo, ele é surpreendido pelo fato de não se tratar de um ruído. As partículas de luz (fótons) com informações sobre o Universo primordial acabavam de ser descobertas. Penzias e Wilson ganhariam o prêmio Nobel anos mais tarde. Uma nova era no estudo da cosmologia se iniciava.

A radiação cósmica de fundo em micro-ondas

Nos estágios iniciais do Universo, prótons, elétrons e fótons se mantinham em constante interação devido à alta densidade e temperatura do meio, formando um plasma primordial. Os átomos não conseguiam se formar nesse ambiente, pois sempre que um próton e um elétron se uniam para formar um átomo de hidrogênio, um fóton colidia contra ele, quase que instantaneamente, separando, consequentemente, o elétron do próton. Pequenas perturbações de densidade nesse meio se propagariam como ondas acústicas, assim como acontece no ar. Compressões e rarefações esquentariam e resfriariam o plasma, respectivamente, produzindo pequenas variações de temperatura no Universo primordial. Essas ondas acústicas no plasma primordial seriam também modificadas pela gravidade. Ela, por sua vez, comprime o plasma em regiões mais densas, podendo, portanto, aumentar ou diminuir a intensidade das compressões e rarefações acústicas. Sabemos que a gravidade é gerada por matéria, e no Universo primordial havia dois tipos de matéria: bariônica e escura. Essas variações de temperatura no plasma primordial são a chave para desvendar o mistério de como as estruturas que vemos no Universo atualmente (galáxias, estrelas e planetas) foram formadas.

Com a constante expansão do Universo, a temperatura do plasma diminuiu, assim como a energia média dos fótons. Como consequência, os fótons deixaram de ter energia suficiente para arrancar o elétron capturado pelo próton. Átomos de hidrogênio neutro começaram finalmente a se formar, processo conhecido como recombinação. Com a diminuição do número de elétrons livres, a interação entre fótons e as partículas carregadas (prótons e elétrons) diminuiu consideravelmente. A matéria bariônica não mais "aprisionava" a radiação, e os fótons que constituem a radiação cósmica de fundo podiam se propagar livremente pelo Universo. Esse desacoplamento aconteceu aproximadamente 370 mil anos após o Big Bang, e hoje, cerca de 14 bilhões de anos mais tarde, obtemos medidas precisas desse sinal do Universo em seu início.

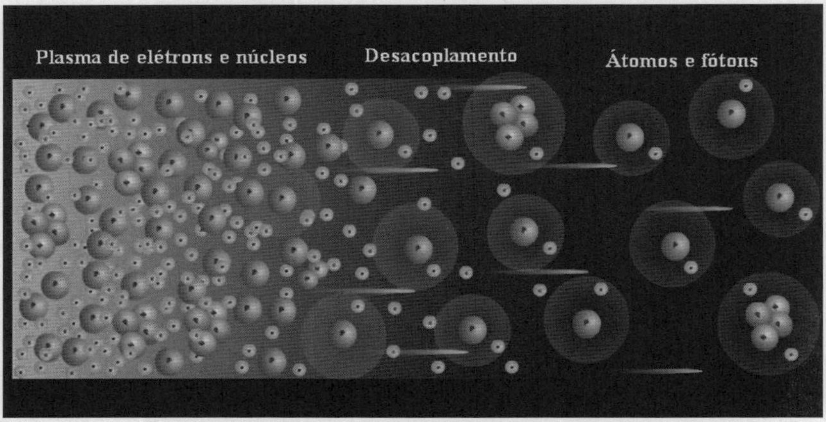

Figura 15.1: Época do desacoplamento.

A superfície de último espalhamento (SUE), como é chamada a época na qual o fóton pôde finalmente se desacoplar da matéria, representa a evidência mais antiga do Universo que conseguimos detectar atualmente. Na teoria, contudo, é possível obter informação de períodos mais antigos do Universo, como veremos mais para a frente. É importante salientar, contudo, que o Universo observável é limitado pela velocidade da luz. Ele corresponde a uma esfera centrada no observador, na qual qualquer sinal emitido após o Big Bang, e viajando a velocidade da luz, já possa ter alcançado o observador agora.

Flutuações de temperatura

A descoberta da radiação cósmica de fundo descartava o modelo do estado estacionário e dava suporte ao Big Bang. Estudar suas características nos permitiria ter conhecimento do que se passava no Universo há quase 14 bilhões de anos. Isso impulsionou o desenvolvimento de experimentos com a finalidade de medir mais precisamente essa radiação primordial, e principalmente procurar pelas flutuações de temperatura previstas pela teoria. Vale lembrar que Penzias e Wilson mediram uma temperatura uniforme em qualquer direção para a qual a antena apontava. Precisávamos de instrumentos mais precisos.

Em 1989, um satélite destinado a medir as variações de temperatura da radiação cósmica de fundo foi lançado pela NASA. O COBE (do inglês, *Cosmic Microwave Background Explorer*) mostrou que a radiação cósmica de fundo possui um espectro de corpo negro (o mais perfeito encontrado na natureza até o momento) com temperatura de aproximadamente 2,7 K (-246,15°C). Esse resultado foi de extrema importância para o modelo do Big Bang, pois mostrou que o Universo primordial estava, de fato, em um estado de equilíbrio termodinâmico quase perfeito. Mas se o Universo era extremamente quente em seu estágio inicial, por que medimos uma temperatura tão baixa para uma radiação que é proveniente dessa época? Não podemos nos esquecer de que o Universo está em expansão e, consequentemente, em constante resfriamento.

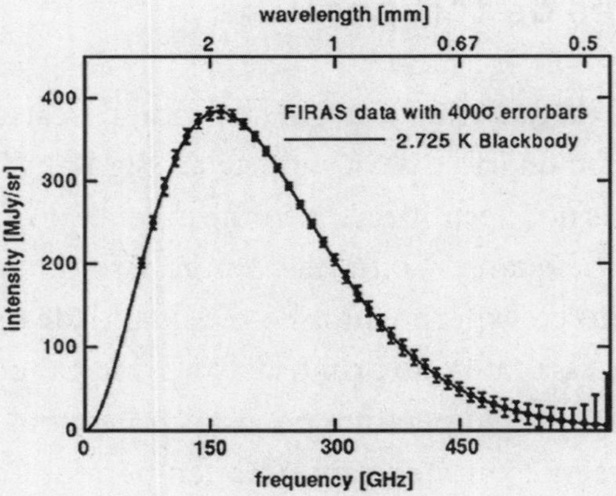

Figura 15.2: Espectro de corpo negro da radiação cósmica de fundo.
Fonte: Satélite COBE.

Um dos maiores desafios do satélite COBE foi, contudo, medir as flutuações de temperatura causadas pela ação da gravidade somadas às oscilações acústicas no fluido primordial. Essas variações de temperatura, da ordem de 10^{-5} K, foram finalmente medidas, sendo uma das descobertas de maior impacto na cosmologia moderna. Para se ter uma ideia, as flutuações de temperatura na radiação cósmica de fundo são 100 mil vezes menores do que sua própria temperatura média de 2,7 K. Os cientistas do COBE ganharam o prêmio Nobel de física em 2006.

Outros experimentos já foram lançados desde o COBE e atualmente o satélite Planck obtém o mapeamento mais preciso da história das flutuações de temperatura da radiação cósmica. Esses estudos revelaram informações preciosas a respeito da evolução do Universo: sua idade, composição e geometria. O tamanho característico das regiões quentes e frias da radiação primordial sugere um Universo plano! Somando-se a quantidade de matéria bariônica e matéria escura conhecidas no Universo, não atingimos a *densidade crítica* que caracteriza um Universo plano. Os dados até então conhecidos sugeriam um Universo aberto. E agora?

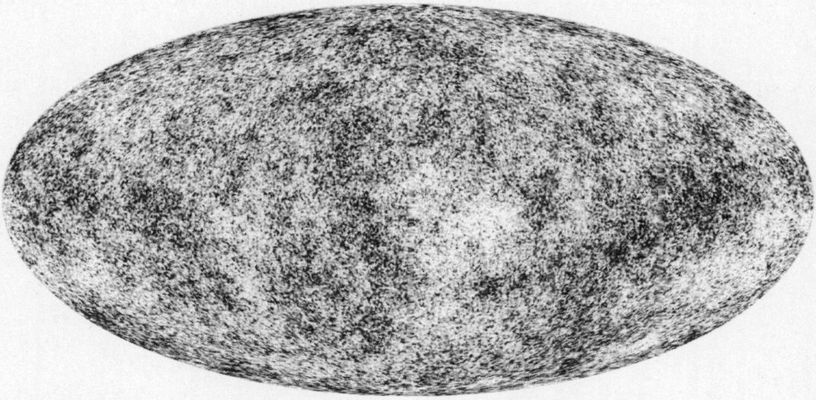

Figura 15.3: Flutuações de temperatura da radiação cósmica de fundo em micro-ondas. O mapa mostra uma fotografia do Universo 370 mil anos após o Big Bang.
Fonte: Satélite Planck.

O retorno da constante cosmológica

Modificando as equações derivadas por Friedman para um Universo homogêneo e isotrópico na teoria da relatividade geral, é possível obter um modelo de Universo plano que se ajusta às observações. Como? Reintroduzindo a constante cosmológica nas equações, conhecida pela letra grega Λ. Isso significa que o "espaço vazio" possui uma certa energia diferente de zero! Essa seria uma propriedade do próprio espaço, já vislumbrada por Einstein no passado (com o intuito de manter o Universo estático), mas descartada mais tarde. Sabemos que massa e energia são equivalentes, de forma que a energia também pode modificar a curvatura do espaço-tempo.

A constante cosmológica pode assumir valores negativos ou positivos, resultando em dois possíveis destinos para o Universo plano. Se o valor da constante cosmológica for menor que zero, ela age atrativamente como a gravidade. Caso seu valor seja positivo, ela age como uma gravidade repulsiva. Ou seja, nesses cenários, ou o Universo pararia a expansão atual e sofreria uma futura contração ou se expandiria cada vez mais rápido.

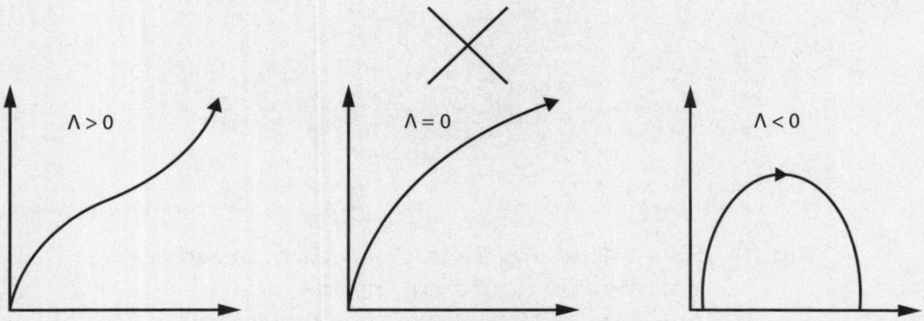

Figura 15.4: Novos possíveis destinos do Universo.
Universo plano com constante cosmológica. De acordo com os dados disponíveis da radiação cósmica de fundo e da quantidade de matéria no Universo, um Universo plano com Λ=0 estaria descartado.

Alguns problemas no modelo do Big Bang

Após um alvoroço inicial com a descoberta da radiação primordial que validava o modelo do Big Bang, algumas perguntas importantes começaram a surgir. Por que o Universo é plano? Dentre as várias possibilidades de Universo aberto ou fechado, um Universo plano é um caso bastante especial no qual a densidade do Universo se iguala à densidade crítica.

Se voltarmos no tempo, esse ajuste na densidade do Universo precisa ser ainda mais preciso para que ela corresponda à densidade observada atualmente. Pense, por exemplo, que você quer atingir um pino em um jogo de boliche. Quanto mais perto você está dele, mais fácil será atingi-lo, mesmo que você desvie a bola da trajetória perfeita. Quanto mais você se afasta do pino, mais o seu ajuste tem que ser preciso, pois qualquer desvio inicial implica um desvio final cada vez maior, e a bola acaba por não acertar o alvo. No caso do Universo, voltamos no tempo bilhões de anos. Qualquer desvio no valor da densidade do Universo naquela época traria diferentes consequências para sua evolução: ele poderia já ter recolapsado ou talvez as estruturas que hoje conhecemos poderiam sequer ter sido formadas. Esse "ajuste fino" na densidade do Universo intrigava os cientistas e abriu margem para novas pesquisas.

Além disso, sabemos que a temperatura da radiação cósmica de fundo é bastante isotrópica no céu, salvo pequeníssimas flutuações. A teoria da relatividade postula que nada viaja mais rápido que a velocidade da luz. Antes do desacoplamento entre radiação e matéria, fótons poderiam percorrer uma distância máxima no Universo primordial, viajando a velocidade da luz, conhecida como horizonte da partícula. Os fótons dentro dessas regiões conectadas interagiriam, estando, portanto, em contato causal. Os fótons provenientes de regiões separadas por uma distância maior que a do horizonte da partícula não poderiam ter interagido no Universo primordial. A isotropia medida na temperatura da radiação cósmica atualmente implica um Universo primordial bastante isotrópico, mesmo em regiões que não estavam em contato causal na época do desacoplamento. Como duas regiões do espaço que não interagiram (ou seja, que não trocaram "informação") podem estar na mesma temperatura hoje?

Em 1981, o físico estadunidense Alan Guth propôs uma teoria que descreve os primeiros instantes do Universo. Além de explicar a origem das flutuações de densidade no plasma primordial, a nova teoria resolveria os problemas da planura e do horizonte no modelo do Big Bang.

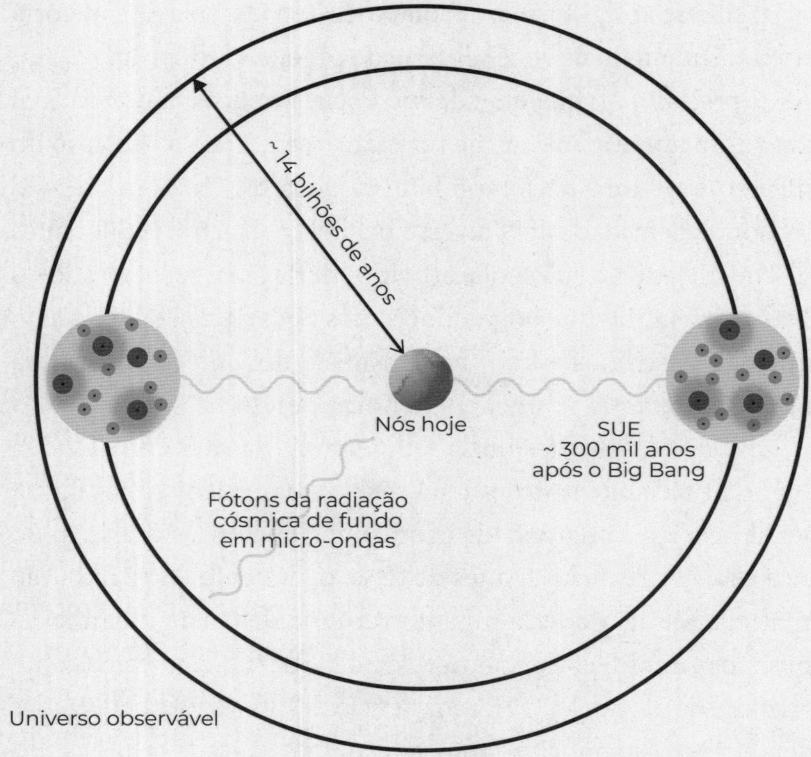

Figura 15.5: O universo observável.

Na época da SUE, os fótons da radiação cósmica de fundo interagiam delimitados pelas regiões representadas pelos pequenos círculos acima. Essas regiões não tiveram tempo de entrar em contato, mas observamos uma temperatura uniforme no céu.

CAPÍTULO 16

A teoria da inflação

Inflação é o nome que se dá a uma rápida expansão sofrida pelo Universo quando sua idade era de apenas 10^{-38} segundos. Ou seja, logo após o Big Bang, o Universo esticou-se exponencialmente, aumentando seu tamanho em cerca de 10^{26} (1 seguido de 26 zeros). E o que causou a inflação?

Vamos retroceder um pouco no tempo. Em 1831, Faraday percebeu que eletricidade gera magnetismo e magnetismo gera eletricidade. Alguns anos mais tarde, James Clerck Maxwell publicou, então, um tratado sobre eletricidade e magnetismo no qual demonstrou que ambos eram, na verdade, duas faces da mesma moeda. Essas equações unificaram dois fenômenos da natureza, antes considerados independentes, no que conhecemos como eletromagnetismo. Nos anos de 1960, cientistas mostraram que as interações fraca e eletromagnética são manifestações diferentes de uma mesma força, a força eletrofraca. A interação fraca é uma entre as quatro interações fundamentais da natureza e atua no interior do núcleo atômico. A radioatividade (emissão espontânea de partículas de altas energias por um certo elemento químico) só consegue, por exemplo, ser explicada através da postulação da interação fraca. Além da força eletrofraca, fazem parte das interações fundamentais a interação forte (responsável pela estabilidade do núcleo atômico, mantendo-o unido), e a gravitacional. Uma pergunta tornou-se óbvia a partir da união entre eletromagnetismo e interação fraca: será que todas as interações fundamentais da natureza (gravitacional, forte e eletrofraca) fazem parte de fato de uma única força fundamental? Essa seria a teoria de tudo.

Mas antes, ainda é preciso unificar a interação eletrofraca e a interação forte, conhecida como teoria da grande unificação (da sigla em inglês, GUT). Físicos de partículas já estudavam teorias de grande unificação sem conectá-las ao estudo da cosmologia. A união entre o mundo do muito pequeno e do muito grande começou a tomar forma, proporcionando uma explicação para o início da expansão exponencial no Universo inicial. As GUTs preveem que a força única fundamental da natureza se dividiu nas forças fundamentais que conhecemos hoje à medida que o Universo se expandia e resfriava. A energia liberada na separação da força forte da força eletrofraca teria impulsionado a inflação.

A teoria da inflação resolve os problemas mencionados na teoria do Big Bang. Regiões hoje aparentemente desconectadas estariam em contato causal antes do período da inflação, resolvendo o problema do horizonte.

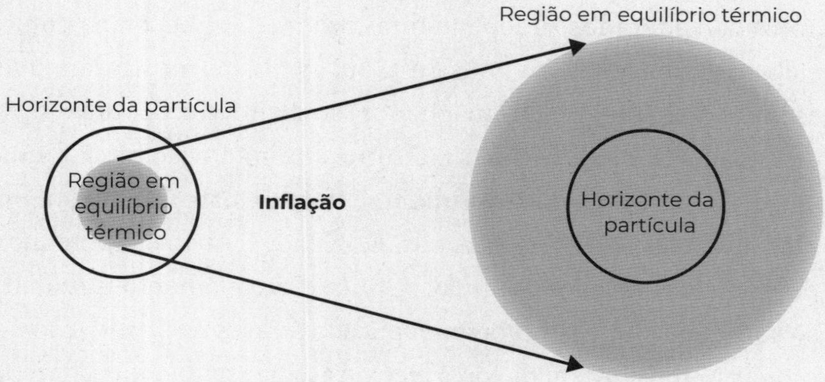

Figura 16.1: Problema do horizonte. A teoria da inflação explica o problema do horizonte no modelo do Big Bang.

O problema da planura é resolvido da mesma maneira. Imagine uma formiga caminhando em uma bola de futebol. Se esticarmos essa bola para o tamanho do planeta Terra, a formiga não sentirá mais a curvatura da bola (apesar de ela ainda ser curva). O pedaço no qual ela caminha parecerá plano. Ou seja, o pedaço de Universo que enxergamos parece ser plano como consequência da inflação.

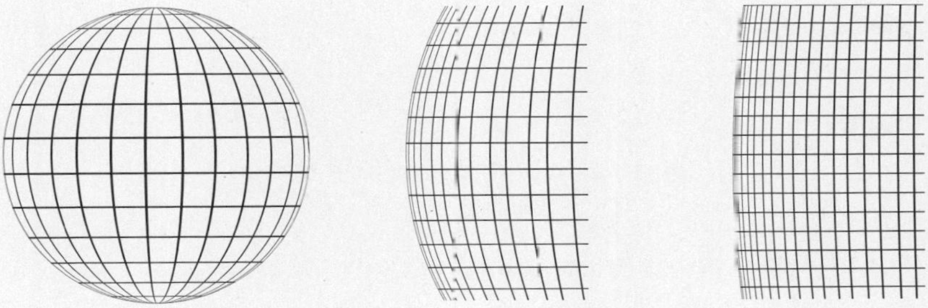

Figura 16.2: Problema da planura. A superfície de uma esfera, quando esticada, parece localmente plana.

Vimos que as pequenas variações de temperatura na radiação cósmica de fundo (que permitiram, mais tarde, a formação das galáxias, estrelas e planetas) foram causadas por flutuações de densidade no plasma primordial. Mas que mecanismo gerou essas flutuações? Além de solucionar os problemas do modelo do Big Bang, a inflação nos proporciona esse mecanismo. A mecânica quântica, que estuda as leis da física em escalas muito pequenas (subatômicas), prevê que flutuações de energia aconteçam em qualquer ponto do espaço (inclusive no espaço vazio, o vácuo). Os efeitos dessas flutuações de energia podem ser observados atualmente em experimentos. Assim, essas flutuações quânticas (muito, muito pequenas) no Universo primordial também teriam sido esticadas pela inflação, criando os padrões que enxergamos na radiação cósmica de fundo.

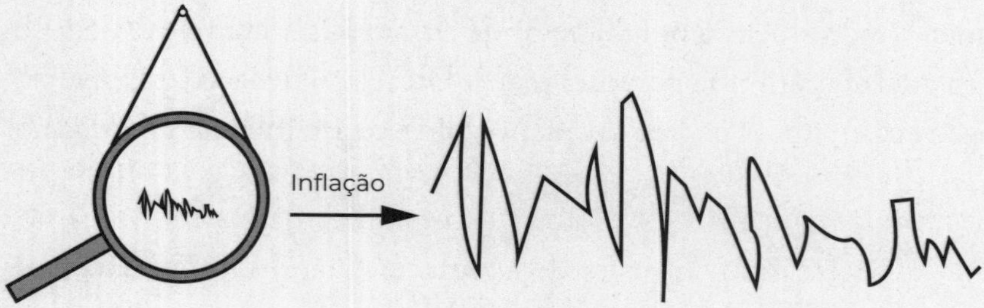

Figura 16.3: Flutuações primordiais.

Embora a teoria inflacionária resolva alguns problemas no modelo do Big Bang e esteja de acordo com as observações cosa mológicas atuais, ainda não temos uma prova direta de que essa enorme expansão no Universo primordial de fato aconteceu. Como podemos comprovar a inflação? Essa teoria prevê que o Universo primordial sofreu, além das perturbações de densidade, perturbações na estrutura do espaço-tempo em si, ou seja, na própria geometria do Universo (o espaço-tempo oscila, alongando e comprimindo o plasma primordial). Essas perturbações, conhecidas como ondas gravitacionais, deixariam marcas na radiação cósmica de fundo. Essa assinatura ainda está sendo procurada nos mais diversos experimentos, ela seria uma prova contundente de que a inflação realmente ocorreu.

Polarização da radiação cósmica de fundo

Como vimos, uma onda eletromagnética é formada por campos elétricos e magnéticos perpendiculares entre si, variáveis no espaço e no tempo. A direção de oscilação do campo elétrico define a direção de polarização da onda. Uma onda é dita linearmente polarizada quando seu campo elétrico sempre oscila numa mesma direção.

A luz proveniente do Sol, por exemplo, não é polarizada, pois é uma superposição de ondas cujos campos elétricos oscilam em todas as direções. É possível, contudo, que uma pequena porcentagem de um campo qualquer de radiação seja polarizado, gerando um padrão. Isso acontece com radiação cósmica de fundo.

A polarização da luz pode acontecer quando fótons são espalhados por outras partículas. Era exatamente isso que acontecia no plasma primordial: a colisão entre fótons e elétrons. A marca da colisão ficou gravada nos fótons em forma de luz polarizada quando os prótons conseguiram finalmente capturar os elétrons para formar átomos neutros. A intensidade dessa polarização corresponde a cerca de 1% da amplitude das flutuações da temperatura (que já são extremamente pequenas). Ou seja, medir a componente polarizada da radiação cósmica de fundo requer instrumentos bastante precisos. Em 2002, esse padrão de polarização foi finalmente mapeado. Todas essas observações nos permitem determinar com precisão a idade, composição e geometria do Universo.

A polarização da radiação cósmica de fundo também pode ser proveniente de outra fonte: as ondas gravitacionais previstas pela teoria da inflação. Elas imprimem um padrão de polarização diferente do anterior e com uma intensidade muito menor. Esse tipo de polarização ainda não foi detectado na radiação cósmica de fundo pelos instrumentos disponíveis no presente. Esse é o grande desafio da próxima geração de experimentos em cosmologia. Medir esse padrão significaria confirmar que o Universo passou por um período de rápida expansão em seus primórdios. Além disso, a teoria prevê que as ondas gravitacionais primordiais se propagariam a partir de uma época muito próxima ao Big Bang, o que nos traria informações muito mais antigas sobre o Universo do que a radiação cósmica de fundo nos traz (que é a informação mais antiga que temos hoje, da ordem de 300 mil anos após o Big Bang). Teríamos dados sobre o início do Universo.

CAPÍTULO 17

As ondas gravitacionais

Consequência direta da teoria da relatividade geral, as ondas gravitacionais são "rugas" na estrutura do próprio espaço-tempo, geradas por grandes objetos massivos em movimento acelerado (ondas gravitacionais não primordiais) ou decorrentes de perturbações da época do Big Bang (ondas gravitacionais primordiais previstas pela teoria da inflação). O estudo dessas distorções causadas por perturbações do campo gravitacional possibilitaria o acesso a informações que não são alcançadas com o estudo somente de ondas eletromagnéticas. As ondas gravitacionais se propagam pelo espaço sem serem espalhadas ou absorvidas pela matéria ao redor, podendo, portanto, atravessar regiões muito densas (como a vizinhança de buracos negros em formação) ou se desacoplar da matéria muito antes dos fótons no Universo primordial (no caso das ondas gravitacionais primordiais que nos proporcionariam informações mais antigas do Universo em comparação com a radiação cósmica de fundo).

As ondas gravitacionais não primordiais são produzidas em eventos catastróficos, como a colisão entre dois buracos negros ou no colapso de uma estrela no final de sua vida. Sistemas compostos de dois ou mais objetos compactos (estrelas de nêutrons[21] ou buracos negros, por exemplo) também são capazes de perturbar o espaço-tempo de forma a emitir ondas gravitacionais que viajam a velocidade da luz através do Universo, podendo ser medidas aqui na Terra. A detecção dessas ondas de gravidade revelaria informações valiosas sobre esses grandes eventos ou sistemas, e sobre a natureza da própria gravidade.

Em 1974, uma prova indireta de que as ondas gravitacionais de fato existem foi obtida exatamente através do estudo de um sistema binário (composto de duas estrelas de nêutrons, sendo uma em rotação). Os físicos estadunidenses Russell Hulse e Joseph Taylor observaram que o período orbital do sistema diminuía com o passar do tempo, fazendo que as estrelas se aproximassem cada vez mais, até eventualmente colidirem. A teoria da relatividade geral previa que esse sistema binário deveria emitir energia sob forma de ondas gravitacionais, e, portanto, os dois objetos de fato se aproximariam e finalmente colidiriam. A previsão e as observações concordaram de maneira extremamente precisa. Os dois pesquisadores ganharam o prêmio Nobel em 1993 pela importante contribuição.

Mais de quarenta anos depois, a colaboração (cerca de oitenta instituições distribuídas em quinze países, incluindo o Brasil) envolvida no Observatório Interferométrico de Ondas Gravitacionais (LIG, do inglês, *Laser Interferometer Gravitational – Wave Observatory*), localizado nos Estados Unidos, anunciou finalmente a detecção direta de ondas gravitacionais emitidas pelo que se acredita ter sido a colisão entre dois buracos negros, produzindo um único e mais massivo buraco negro em rotação. Esse evento deve ter ocorrido há mais de um bilhão de anos. Somente instrumentos muito sensíveis são capazes de detectar esse sinal, pois as distorções causadas no espaço pela passagem das ondas gravitacionais na Terra são extremamente pequenas. Ele foi medido em 14 de setembro de 2015, mas anunciado em fevereiro de 2016, abrindo mais uma janela para desvendar os muitos mistérios que nos rodeiam. No centenário da teoria da relatividade geral, a comemoração veio em grande estilo, com mais uma evidência observacional da sua validade.

Figura 17.1: Impressão artística das ondas gravitacionais.
Fonte: Sistema binário de estrelas de nêutrons.
Crédito: NASA website. R. Hurt/Caltech-JPL.

CAPÍTULO 18

A energia escura

No final da década de 1990, um projeto que envolvia um grande número de astrônomos ao redor do globo fez uma descoberta surpreendente. Eles mapearam a evolução recente do Universo através do estudo das supernovas (explosões de estrelas no final de suas vidas ativas), e concluíram que as explosões mais distantes eram menos brilhantes do que o esperado para modelos de Universo nos quais a expansão tende a parar e, futuramente, recolapsar. Concluiu-se que o Universo está se expandindo cada vez mais rápido com o passar do tempo!

Mas o que levava o Universo a se expandir aceleradamente? Logo, a constante cosmológica, anteriormente incluída no modelo para adequá-lo às observações da radiação cósmica de fundo (de que o Universo é plano), começou a ser levada mais a sério. A concordância entre teoria e observações era de uma precisão sem precedentes. O prêmio Nobel foi concedido aos grupos responsáveis pelos experimentos em 2011 pela importância da descoberta.

Se o Universo está, de fato, se expandindo aceleradamente, só nos resta uma alternativa para o destino do Universo. A constante cosmológica, interpretada como a energia atribuída ao "espaço vazio", deve ser maior que zero. Isso significa que ela age como uma gravidade repulsiva. Nesse caso, o Universo se resfriará, no chamado *Big Freeze* (grande resfriamento) e eventualmente a manutenção da vida será insustentável. A constante cosmológica, portanto, explica as observações de maneira extremamente eficiente. Apesar da grande eficiência do modelo, problemas não tardaram a ressurgir. Como o "espaço vazio" adquire essa energia?

Para responder a essa pergunta entra em cena mais uma vez a mecânica quântica, que também possui um enorme sucesso em explicar os fenômenos do mundo muito pequeno, e que está inserida em praticamente todos os aspectos da vida moderna, de lasers a computadores. Os cálculos quânticos mostram que a energia do vácuo deveria ser muito maior que a observada na constante cosmológica. Muito maior mesmo, da ordem de 10^{120} vezes (1 seguido de 120 zeros)! Esse é um dos maiores mistérios da cosmologia moderna atualmente... por que o valor da constante cosmológica é tão pequeno?

Modelos alternativos começaram a surgir. Hoje chamamos a causa da expansão acelerada do Universo genericamente de energia escura. Um dos candidatos a energia escura é a constante cosmológica que, apesar de discordar do valor quântico, é a melhor explicação para as observações. Outros candidatos existem, inclusive teorias que utilizam modelos diferentes ao da relatividade de Einstein para explicar a gravidade. O mistério continua!

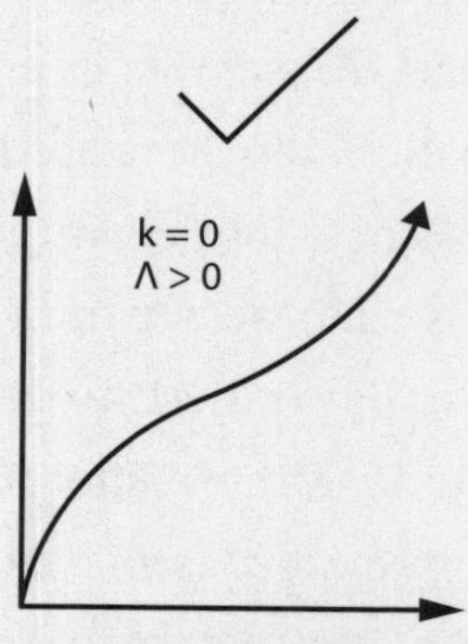

Figura 18.1: Destino do Universo.
Destino do Universo assumindo a constante cosmologia como causa da expansão acelerada do Universo e considerando a relatividade geral como a teoria correta para gravidade.

CAPÍTULO 19

O modelo cosmológico padrão

O modelo cosmológico padrão é conhecido como modelo ΛCDM (CDM, da sigla em inglês para matéria escura fria). Esse é o famoso modelo do Big Bang modificado para incluir as descobertas mais recentes. O modelo padrão da cosmologia assume a relatividade geral como a teoria que descreve a gravidade, além de prever um Universo formado por matéria bariônica, matéria escura e energia escura (representada, nesse caso, pela constante cosmológica). A teoria da inflação também é adicionada ao modelo, apesar de ainda não se ter provas observacionais contundentes de que ela realmente ocorreu.

Assumindo o modelo ΛCDM como correto e comparando-o com as observações (principalmente da radiação cósmica de fundo), conseguimos determinar algumas características do Universo em que vivemos. Atualmente, estima-se que ele tenha uma idade de aproximadamente 13,8 bilhões de anos e que seja constituído em sua maioria da misteriosa energia escura, que corresponde a aproximadamente 68% do Universo. A matéria escura corresponde a 27% do Universo. Nós, os bárions, fazemos parte dos 5% restantes. Apesar de os componentes do Universo serem ainda um mistério para nós, conseguimos prever a evolução do cosmos, sua dinâmica, com êxito, utilizando a teoria da relatividade de Einstein. A frase proferida pelo físico estadunidense Richard Feynman (vencedor do prêmio Nobel de física em 1965 por suas contribuições em eletrodinâmica quântica), em uma entrevista para a BBC, cabe muito bem quando comparamos a cosmologia atual com o estudo do Universo antes das duas grandes revoluções científicas citadas neste livro: "Eu posso viver sem saber algo, na dúvida, ou na incerteza. É muito melhor viver na incerteza do que ter certezas que podem estar erradas".

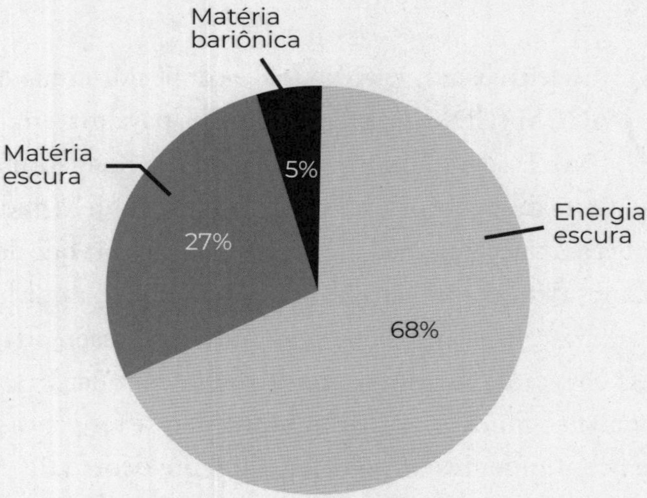

Figura 19.1: Componentes do Universo.
Fonte: NASA.

CAPÍTULO 20

O futuro da cosmologia

O modelo cosmológico padrão nos fornece uma estrutura para entendermos como o Universo era em seus primórdios e como ele evoluiu para se tornar o que é hoje.

O ΛCDM atualmente se sustenta em quatro grandes pilares observacionais: a expansão do Universo, a radiação cósmica de fundo e a nucleossíntese primordial.[22] Além disso, o modelo nos fornece um mecanismo para compreendermos o colapso da matéria para formar galáxias e outras estruturas enormes que vemos hoje no cosmos.

Atualmente, no campo da cosmologia, o sucesso do ΛCDM, desenvolvido com o arcabouço da relatividade geral a partir de um Universo primitivo quente, denso e inflacionário, é extremamente bem-sucedido. Contudo, sabemos que ele também apresenta alguns mistérios que queremos desvendar, como a natureza do setor escuro. Precisamos continuar averiguando incansavelmente os céus na busca por respostas para nossas perguntas. O constante confronto do modelo com os dados observacionais nos permite buscar falhas que possam nos guiar para uma compreensão mais ampla do mundo que nos cerca.

Com essa perspectiva, vários experimentos foram e estão sendo desenvolvidos para sondar o Universo de maneira sem precedentes. Um desses experimentos foi lançado, com muita expectativa, ao espaço no dia 25 de dezembro de 2021. O Telescópio Espacial James Webb (JWST, do inglês *James Webb Space Telescope*) pode ser considerado uma das maiores empreitadas científico-tecnológicas de nosso tempo. Com o objetivo de estudar cada fase da história do

Universo, desde a primeira luz após o Big Bang, até a formação de sistemas solares capazes de suportar vida em planetas como a Terra, os dados fornecidos pelo telescópio vêm testando e desafiando nossa compreensão da natureza além do nosso pálido ponto azul.

Há alguns anos descobertas que aparentemente contradizem as previsões do ΛCDM ganharam força, principalmente após alguns desses resultados do JWST. A descoberta de evidências que contradizem as previsões da principal teoria vigente é, de fato, emocionante para qualquer cientista. Estaríamos próximos de mais uma grande revolução científica? Muitos têm afirmado que a cosmologia está em crise. Além dos já conhecidos e constantemente debatidos problemas da matéria e energia escuras (e talvez possamos incluir aqui até mesmo as teorias inflacionárias), algumas outras observações mais recentes dão suporte para esse possível cenário de transição:

- Diferentes métodos de medição da taxa de expansão do Universo produzem resultados diferentes e a aparente formação muito precoce de buracos negros e galáxias.

Mas o que caracteriza uma crise? O modelo padrão da cosmologia apresenta muitos resultados bem-sucedidos que não podemos ignorar. Pode ser que essas aparentes contradições sejam apenas rachaduras que podem ser consertadas e não um alerta para pularmos do navio que naufraga.

A cosmologia é um pouco diferente de outras ciências porque ela estuda o Universo em sua totalidade. Qualquer grande mudança na nossa compreensão do Universo acarreta questionamentos filosóficos profundos, como aconteceu na primeira grande revolução na astronomia. Não podemos negar que algumas rachaduras vêm sim aparecendo no modelo ΛCDM, mas talvez possamos consertá-lo apenas com pequenos reparos. Ou talvez precisemos de uma revisão completa. Pode ser que estejamos realmente próximos de uma nova revolução científica, talvez tão emocionante quanto aquela de Galileu. A cada resposta alcançada, muitas novas perguntas surgem. E essa é a graça da ciência.

Epílogo

"Todos os homens por natureza desejam conhecer."[23]

Aristóteles

Quanto mais conhecemos sobre a natureza, mais nos surpreendemos e nos damos conta de que sabemos muito pouco. As teorias físicas estão sempre em evolução e as teorias de hoje talvez tenham somente valor histórico no futuro. Cada esforço é, contudo, um degrau a mais que subimos na escada do conhecimento. Os modelos lapidados durante milênios foram construindo pouco a pouco nossa forma de pensar do século XXI. Com certeza, as teorias atuais serão também lapidadas e melhoradas, servindo de base para os cientistas do futuro. O degrau construído hoje será o apoio para subir ao degrau seguinte, assim como nos apoiamos nos sólidos degraus construídos por Copérnico, Kepler, Tycho Brahe, Galileu, Newton, Einstein e muitos outros.

Os desafios são muitos. A natureza instigante do estudo do cosmos, da origem da vida, é motivo mais que suficiente para prosseguir com as pesquisas. Nessa era em que experimentos se tornam cada vez mais precisos, a natureza vai se revelando, confirmando ou refutando as teorias que criamos para tentar compreendê-la. A percepção humana de como o Universo funciona mudou completamente em dois milênios e está em constante mudança. O século XX foi marcado por grandes avanços, teóricos e experimentais, de como compreendemos o cosmos: de Einstein à descoberta da radiação cósmica de fundo. O século XXI já se revela promissor com a medida direta das perturbações do próprio tecido do espaço-

-tempo, previstas pela teoria de Einstein. Um importantíssimo avanço que abre a era da física das ondas gravitacionais, mais uma porta para o espaço e para o estudo da cosmologia. A busca pelas partículas de matéria escura prossegue, novos instrumentos estão sendo projetados para caracterizar a energia escura e para mostrar se houve ou não inflação no Universo primordial. Muitos dos avanços tecnológicos desfrutados no nosso dia a dia vêm do desenvolvimento de experimentos delicados e de alta precisão em laboratórios do mundo todo, com a finalidade de compreender as leis da natureza.

Notas

1 Prefácio de Nicolau Copérnico aos Livros das Revoluções para o Santíssimo Senhor Paulo III, Sumo Pontífice. Tradução de Cristiano Novaes de Resende e Antônio Muniz de Rezende. *Cadernos de História e Filosofia da Ciência*, Campinas, Série 3, v. 18, n. 1, p. 259-268, jan.-jun. 2008.

2 CORPÉNICO, Nicolau. *Commentariolus.* Pequeno comentário de Nicolau Copérnico sobre suas próprias Hipóteses acerca dos Movimentos Celestes. Introdução, tradução e notas de Roberto de Andrade Martins. São Paulo: Editora Livraria da Física, 2003. 2ª ed. Rio de Janeiro: MAST/Nova Stella, 1990.

3 Prefácio de Nicolau Copérnico aos Livros das Revoluções para o Santíssimo Senhor Paulo III, Sumo Pontífice. Tradução de Cristiano Novaes de Resende e Antônio Muniz de Rezende. *Cadernos de História e Filosofia da Ciência, Campinas*, Série 3, v. 18, n. 1, p. 259-268, jan.-jun. 2008.

4 CASPAR, Max. *Kepler.* Mineola: Dover Publications, 2012, p. 46. Tradução livre.

5 Idem, p. 62. Tradução livre.

6 Idem, p. 64. Tradução livre.

7 FERGUSON, Kitty. *Tycho and Kepler:* the unlikely partnership that forever changed our understanding of the heavens. Transworld Digital, 2013. Tradução livre.

8 CASPAR, Max. *Kepler.* Mineola: Dover Publications 2012, p. 102. Tradução livre.

9 Kepler teve cinco filhos com Barbara, mas os outros três já tinham morrido antes da mudança para Linz.

10 GALILEI, Galileu. *A pequena balança*. Versão em português. Rio de Janeiro: Expresso Zahar, 2014.

11 FINOCCHIARO, Maurice A. (Ed.) *The essential Galileo*. Indianapolis; Cambridge: Hackett Publishing Company, 2008, p. 48. Tradução livre.

12 Idem, p. 68. Tradução livre.

13 GLEICK, James. *Isaac Newton*. First Vinga Books Edition, 2004. p. 415. Tradução livre.

14 SILVA, Cibelle Celestino; PIMENTEL, Ana Carolina. *Benjamin Franklin e a história da eletricidade em livros didáticos*. Instituto de Física de São Carlos – Universidade de Sao Paulo. Disponível em: http://www.ifsc.usp.br/~cibelle/arquivos/T0150-1.pdf.

15 DIAS, Valéria Silva; MARTINS, Roberto de Andrade. Michael Faraday: o caminho da livraria à descoberta da indução eletromagnética. *Ciência & Educação*, v. 10, n. 3, p. 517-530, 2004.

16 NISENBAUM, Moisés André. *Estrutura Atômica*. Sala de leitura. Disponível em: http://web.ccead.puc-rio.br/condigital/mvsl/Sala%20de%20Leitura/conteudos/SL_estrutura_atomica.pdf

17 ISAACSON, Walter. *Einstein: sua vida, seu Universo*. São Paulo: Companhia das Letras, 2007, p. 107.

18 Idem, p. 97.

19 Carta de Einstein a Conrad Habicht. 18 ou 25 de maio de 1905. In: ISAACSON, Walter. *Einstein: sua vida, seu Universo*. São Paulo: Companhia das Letras, 2007, p. 110.

20 ISAACSON, Walter. *Einstein: his life and universe*. Simon & Schuster UK, 2008, p. 113. Tradução livre.

21 A evolução de uma estrela supermassiva termina de maneira catastrófica com uma imensa explosão, de modo a se transformarem em estrelas de nêutrons ou buracos negros. As estrelas de nêutrons possuem diâmetro de aproximadamente 20 quilômetros e 1,4 vezes a massa do Sol. Isso quer dizer que são corpos extremamente densos, de forma que prótons e elétrons se combinam para formar nêutrons, os principais componentes dessas estrelas.

22 Conseguimos prever a quantidade de hidrogênio e hélio que o Universo deveria ter e esse resultado concorda com as observações.

23 Abertura do livro *Metafísica*, de Aristóteles.

Bibliografia

DIAS, Valéria Silva; MARTINS, Roberto de Andrade. Michael Faraday: o caminho da livraria à descoberta da indução eletromagnética. *Ciência & Educação*, v. 10, n. 3, p. 517-530, 2004.

FERGUSON, Kitty. *Tycho and Kepler: the unlikely partnership that forever changed our understanding of the heavens*. Transworld Digital, 2013.

FINOCCHIARO, Maurice A. (Ed.). *The Essential Galileo*. Indianapolis; Cambridge: Hackett Publishing Company, 2008.

GLEICK, James. *Isaac Newton*. New York: First Vintage Books Edition, 2004.

ISAACSON, Walter. *Einstein: his life and universe*. London: Simon & Schuster UK, 2008.

ISAACSON, Walter. *Einstein: sua vida, seu Universo*. Tradução de Celso Nogueira et al. São Paulo: Companhia das Letras, 2007.

MARTINS, Roberto de Andrade. Ørsted e a descoberta do magnetismo. *Cadernos de História e Filosofia da Ciência*, n. 10, p. 89-114, 1986.

NISENBAUM, Moisés André. *Estrutura Atômica*. Sala de leitura. Disponível em: http://web.ccead.puc-rio.br/condigital/mvsl/Sala%20de%20Leitura/conteudos/SL_estrutura_atomica.pdf

ROBERTS, J. M. *O Livro de Ouro da História do Mundo*. 4ª ed. Rio de Janeiro: Ediouro, 2003.

SILVA, Cibelle Celestino; PIMENTEL, Ana Carolina. Benjamin Franklin e a história da eletricidade em livros didáticos. Instituto de Física de São Carlos – Universidade de São Paulo. Disponível em: http://www.ifsc.usp.br/~cibelle/arquivos/T0150-1.pdf.

SOBEL, Dava. *A more perfect heaven: how Copernicus revolutionized the cosmos*. New York: Walker & Company, 2011. Universo

WOOTTON, David. *Galileo: watcher of the skies*. New Haven; London: Yale University Press, 2010.

FONTE Akzidenz-Grotesk, Minion Pro, Montserrat, Utopia
PAPEL Pólen Natural 80 g/m²
IMPRESSÃO Paym

FSC
www.fsc.org
MISTO
Papel produzido
a partir de
fontes responsáveis
FSC® C133282